序

權限控制不當和使用者角色衝突可能對組織 ⋯⋯⋯⋯⋯ 版 ISO 27001 資訊安全管理標準，許多控制措施與職務區隔及存取控制相關。傳統口頭詢問和手動系統檢查已經過時，稽核人員需要提升查核技能，學習使用 AI 稽核工具，以協助更有效地管理資訊安全。

AI 人工智慧時代來臨，需選用正確工具，才能迎向新的機會與挑戰。筆者從事 AI 人工智慧稽核相關工作多年，JCAATs 為 AI 語言 Python 所開發的新一代稽核軟體，可同時於 PC 或 MAC 環境執行，除具備傳統電腦輔助稽核工具(CAATs)的數據分析功能外，更包含許多人工智慧功能，如文字探勘、機器學習、資料爬蟲等，讓稽核分析可以更加智慧化。

本教材以 SAP ERP 系統權限設定與管理為稽核重點，引導學員使用 JCAATs AI 稽核工具上機進行權限管理查核實際演練，指導學員學習系統權限衝突基本原則，與 ERP 系統角色與權限設定，了解何謂高風險角色與權限衝突，並教授進階技巧如比對(Join) 多對多(Many-To-Many)、SOD 風險矩陣和 AI 機器學習預測性查核等，快速識別高風險使用者角色衝突，並可提前預測可能被盜用的高風險帳號，進一步進行風險預警。

本教材由具備國際專業的稽核實務顧問群精心編撰，並經 ICAEA 國際電腦稽核教育協會認證，附帶完整的實例練習資料。此外，學員還可以通過申請取得 AI 稽核軟體 JCAATs 的試用教育版，帶領您體驗如何利用 AI 稽核軟體 JCAATs 快速有效進行資安權限查核，提升查核效果與效率，落實資訊安全有效管理，歡迎資安主管、資安人員、會計師、內稽以及對資安稽核有興趣的學習者參與，一同學習和交流。

JACKSOFT 傑克商業自動化股份有限公司
ICAEA 國際電腦稽核教育協會台灣分會
黃秀鳳總經理/分會長
2023/09/14

電腦稽核專業人員十誡

　　ICAEA 所訂的電腦稽核專業人員的倫理規範與實務守則，以實務應用與簡易了解為準則，一般又稱為『電腦稽核專業人員十誡』。 其十項實務原則說明如下：

1. 願意承擔自己的電腦稽核工作的全部責任。

2. 對專業工作上所獲得的任何機密資訊應要確保其隱私與保密。

3. 對進行中或未來即將進行的電腦稽核工作應要確保自己具備有足夠的專業資格。

4. 對進行中或未來即將進行的電腦稽核工作應要確保自己使用專業適當的方法在進行。

5. 對所開發完成或修改的電腦稽核程式應要盡可能的符合最高的專業開發標準。

6. 應要確保自己專業判斷的完整性和獨立性。

7. 禁止進行或協助任何貪腐、賄賂或其他不正當財務欺騙性行為。

8. 應積極參與終身學習來發展自己的電腦稽核專業能力。

9. 應協助相關稽核小組成員的電腦稽核專業發展，以使整個團隊可以產生更佳的稽核效果與效率。

10. 應對社會大眾宣揚電腦稽核專業的價值與對公眾的利益。

目錄

運用AI人工智慧 協助SAP ERP資安權限管理 電腦稽核實例演練

傑克商業自動化股份有限公司

JACKSOFT為經濟部能量登錄電腦稽核與GRC(治理、風險管理與法規遵循)專業輔導機構，服務品質有保障

國際電腦稽核教育協會
認證課程

利用CAATs進行資通安全作業查核

- 系統管理
  - 系統使用權限查核
  - 系統事件查核
  - 個人電腦查核
    - （更新、密碼、分享、備份等）
- 資料庫管理
  - 存取授權與權限表查核
  - 備份控制查核
  - 資料實際存放安全性
- 網路、網際網路、電子商務
  - 網路安全查核（防火牆、各種封包查核、異常連線IP）
  - 員工使用網路情況
  - 網路交易查核

- ERP系統
  - 權限控管查核
  - 流程控管查核
  - 備份查核
  - 績效查核
  - 資料庫查核

ISO 27001資訊安全管理系統:2022新版

與權限管理有關條文包含:

- A5.3職務區隔:衝突之職務及衝突之責任範圍應予區隔

- A5.5存取控制:應依營運及資訊安全要求事項,
建立並實作對資訊及其他關聯資產之實體
及邏輯存取控制的規則。

- A5.18存取權限:應依組織之存取控制的主題特定政策及規則,
提供、審查、修改及刪除對資訊及其他相關聯
資產之存取權限。

- A8.2特殊存取權限:應限制並管理特殊存取權限之配置及使用。

- A8.3資訊存取限制:應依已建立之關於存取控制的主題特定政策,
限制對資訊及其他相關聯資產之存取。

- A8.18具特殊權限公用程式之使用:應限制並嚴密控制可能竄越系
統及應用程式之控制措施的公用程式之使用。

參考資料來源: ISO27001:2022資訊安全管理系統條文附錄A 資訊安全控制措施指引

3

查核實務探討:
ERP權限管理方式與使用者角色衝突查核

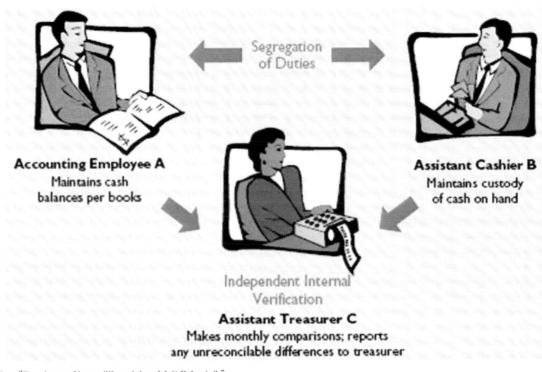

Segregation of Duties

Accounting Employee A
Maintains cash balances per books

Assistant Cashier B
Maintains custody of cash on hand

Independent Internal Verification

Assistant Treasurer C
Makes monthly comparisons; reports any unreconcilable differences to treasurer

4

Strategic Management 電腦稽核 I

黃士銘：國立中正大學管理學院
吳東曉：國立中正大學會計與資訊科技研究所
黃秀鳳：傑克商業自動化股份有限公司

利用電腦稽核技術
建立企業E化系統的
第一道防火牆

稽核人員面對公司E化系統的內部控制，首要的第一步為確保其系統權限管理的允當性。E化系統權限管理的失當容易製造舞弊的機會，使公司發生無謂的損失與曝露在無保的風險。善用電腦稽核軟體之輔助，稽核人員能夠持續性稽核與監控公司E化系統權限管理，確保公司內部控制之健全。

根據美國舞弊稽核師協會（ACFE）於2010年所出具的年度全球舞弊報告指出，2010年全球舞弊的金額明顯大於2008年，顯示全球即使在沙氏法的推動之下，舞弊事件與嚴重性仍是日漸增高。在同一份報告也指出，唯有建立完善的內部控制，才能夠嚇阻舞弊的發生。然而，很不幸地，在這些舞弊公司中，最缺乏的也是內部控制的建立，有37.8%公司因為內部控制建立不足，而產生嚴重的舞弊事件。當舞弊發生之後有80.6%的公司會進行內部控制之增強，其中，建立適當的權限管理為眾多補強控制之首要任務（61.2%），顯示在權限管理不當的公司，容易造成舞弊事件之誘因。

吞款項之後使用會計權限進行掩飾舞弊行為。該公司聘請外界顧問對公司ERP系統進行總體檢，發現ERP系統內擁有會計模組應用程式相關使用權限的授權數（即設定可使用的功能數，如新增、修改刪除等）高達近3,500個，使用者高達近500人，但其中實際需要會計角色的使用者約為20人，需要會計模組相關權限得授權數約為400個，如此數據可以看到該公司的ERP系統權限管理不當的問題嚴重性，ERP系統門戶大開，給予有心機的資訊系統使用者無限的舞弊空間可能。

因此，對於從事財會稽核工作的人員，需要瞭解傳統管理環境轉為E化環境作業後，在權限的管理上會有哪些變化，如此才能有效強

圖二：角色權限衝突規則一之查核程式

```
Comment
    本程式為規則一的示範程式
    本程式使用到的表單說明；
    RES_AU=使用者授權權限表
    RES_RECORD=使用者紀錄權限表
    本程式使用到的指令說明
    JOIN：勾稽資料
    EXTRACT：隔離異常資料
END

    Open RES_AU
    Open RES_RECORD SECONDARY

Comment 進行授權與覆核之權限衝突判斷
    JOIN PKEY RESPONSIBILITY_ID OBJECTIVE FIELDS USER_
    ID FUNCTION_ID RESPONSIBILITY_KEY RESPONSIBILITY_ID
    FUNCTION_NAME CATEGORY SKEY USER_ID WITH USER_
    ID FUNCTION_ID RESPONSIBILITY_KEY RESPONSIBILITY_ID
    FUNCTION_NAME CATEGORY TO "AUDIT_AU_RESULT" OPEN
    APPEND PRESORT MANY SECSORT

Comment 隔離異常資料
    OPEN AUDIT_AU_RESULT
    EXTRACT FIELDS RESPONSIBILITY_KE2 AS '不能同時擁有的權
    限一'    RESPONSIBILITY_KEY AS '不能同時擁有的權限二' TO '
    AUDIT_AU_SHOW_RESULT '
```

5

網路銀行內控失當 擅轉客戶資金 聯○銀被重罰6百萬

中國時報/政治綜合/A14版　陳○娟／台北報導
2007/3/30

農曆年前爆發的職○銀行網銀盜領弊端發生到溢出事件，金管會昨日做出開罰處分，金管會認可關行的網路銀行太過不足，有生了逕行轉出客戶存款，內控不當，因此罰款六百萬。

另外，聯○九如很寄寅缺

掛錯外匯匯率 賴皮不

今年一月初，歐○銀行
至誤掛為一：廿七，以
出客戶戶匯裡的錢。

職○難以網路銀行約定
易，有法律效益。即使
機制，因此處罰六百萬

客戶資料外洩 董事長

金管會發言人張○蓮說

金管會調查此案件期間
行員去查男女的信用資
銀行董事長李○牽個人

運彩內控失靈 難擋隻手遮天

2011-09-19　中國時報　【蕭○訓、蕭○文】

　　檢警偵辦富○金控旗下運彩子公司員工監守自盜案，發現運彩科技內部有套運作的流程，包括檢核、驗證都有一定規定，每日都還必須列出表單送審查。但離職襄理林○縉任內仍能隻手遮天，顯示內部控管機制失靈，已要求提供內部流程和相關報表過濾。

　　檢警認為，林○縉相當熟悉內部作業，也擔心一旦作案時間拖長，恐會東窗事發，所以設定每次重新開機犯案的時間為兩分鐘，並利用這空檔在辦公室內指揮外在共犯前往下注，時間相當緊迫。

　　只是令檢警懷疑的是膽地重新啟動，且在極常資料，難道無法被檢

　　此外，檢警初查，林在辦公室的機會。這四後調查。

下注運彩一：六四，戶頭後，部遲當轉

操這個價格做的交未建立有效的內控

〈短訊〉櫻○員工挪公款　5年間侵占7千萬

台北　　報導

晚間最新消息！以生產熱水器跟廚具聞名的櫻○公司爆發員工挪用公款，金額高達7千萬元的監守自盜案。

週五台灣櫻○公司內部會計單位進行帳務查核作業時，發現財務部出納楊○玲，涉嫌利用公司資訊控管漏洞，從2003年開始，陸續以小額方式，日積月累，以數十到數百萬的金額，挪用侵占公司資金。

公司進行處理立即開除並且提起告訴，相關訊息也在公開資訊觀測站發布，初步估計，被侵占的金額，可能高達台幣7千萬。

6

能夠提升稽核價值的技術包括：

1.數據分析與AI人工智慧

2.行動化審計工具應用

3.持續審計/監控

4.即時，自動化，與確信相關的報告。

參考資料來源: Galvanize, Death of the tick mark

7

電腦輔助稽核技術(CAATs)

– **稽核人員角度**所設計的通用稽核軟體，有別於以資訊或統計背景所開發的軟體，以資料為基礎的Critical Thinking(批判式思考)，**強調分析方法論**而非僅工具使用技巧。

– 適用不同來源與各種資料格式之檔案匯入或系統資料庫連結，其特色是強調有科學依據的抽樣、資料勾稽與比對、檔案合併、日期計算、資料轉換與分析，**快速協助找出異常**。

– 由傳統大數據分析 往 AI人工智慧智能分析發展。

C++語言開發
付費軟體
Diligent Ltd.

以VB語言開發
付費軟體
CaseWare Ltd.

以Python語言開發
免費軟體
美國楊百翰大學

JCAATs-
AI稽核軟體
--Python Based

8

Audit Data Analytic Activities

ICAEA 2022 Computer Auditing: The Forward Survey Report

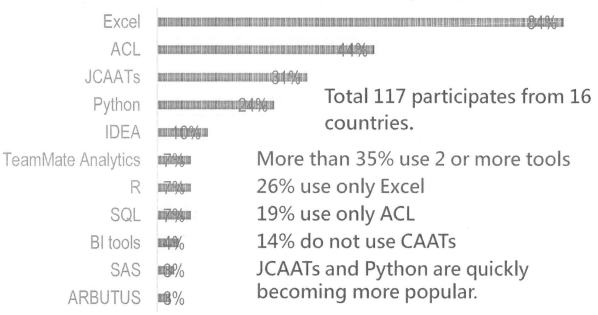

Total 117 participates from 16 countries.

More than 35% use 2 or more tools
26% use only Excel
19% use only ACL
14% do not use CAATs
JCAATs and Python are quickly becoming more popular.

9

JCAATs 3- 超過百家使用口碑肯定

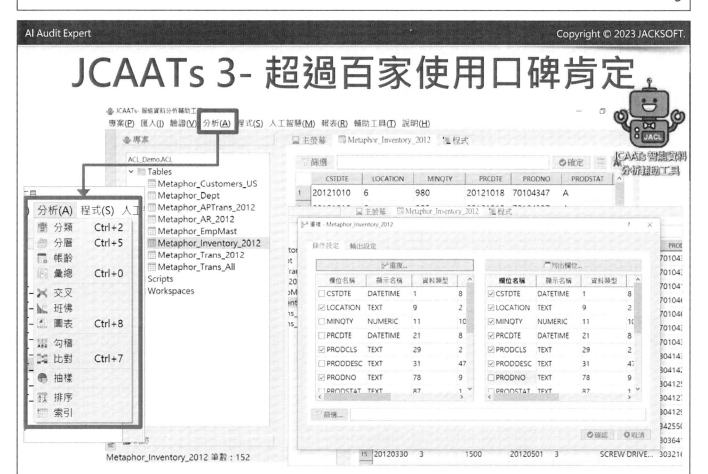

提供繁體中文與視覺化使用者介面，更多的人工智慧功能、更多的文字分析功能、更強的圖形分析顯示功能。目前JCAATs 可以讀入 ACL專案顯示在系統畫面上，進行相關稽核分析，使用最新的JACL 語言來執行，亦可以將專案存入ACL，讓原本ACL 使用這些資料表來進行稽核分析。 10

AI Audit Software
人工智慧新稽核

　　JCAATs為 AI 語言 Python 所開發新一代稽核軟體，遵循 AICPA稽核資料標準，具備傳統電腦輔助稽核工具(CAATs)的數據分析功能外，更包含許多人工智慧功能，如**文字探勘**、**機器學習**、**資料爬蟲**等，讓稽核分析更加智慧化，**提升稽核洞察力**。

　　JCAATs功能強大且易於操作，可分析大量資料，開放式資料架構，可與**多種資料庫**、**雲端資料源**、**不同檔案類型及ACL 軟體等**介接，讓稽核資料收集與融合更方便與快速。**繁體中文與視覺化使用者介面**，不熟悉 Python 語言稽核或法遵人員也可透過**介面簡易操作**，輕鬆產出 Python 稽核程式，並可與廣大免費開源 Python 程式資源整合，讓稽核程式具備**擴充性和開放性**不再被少數軟體所限制。

11

JCAATs 人工智慧新稽核

Through JCAATs Enhance your insight
Realize all your auditing dreams

繁體中文與視覺化的使用者介面

Run both on Mac and Windows OS

Modern Tools for Modern Time

12

JCAATs AI人工智慧新稽核

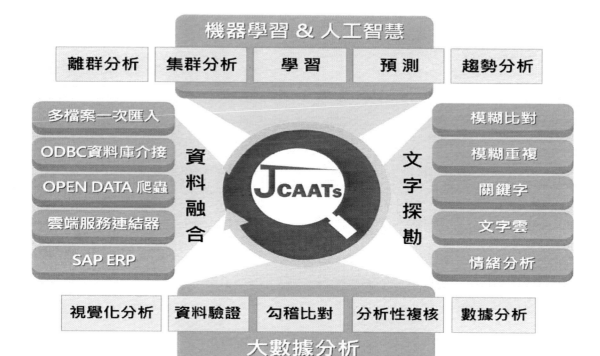

JACKSOFT為經濟部技術服務能量登錄AI人工智慧專業訓練機構
JCAATs軟體並通過AI4人工智慧行業應用內部稽核與作業風險評估項目審核

使用Python-Based軟體優點

- 運作快速
- 簡單易學
- 開源免費
- 巨大免費程式庫
- 眾多學習資源
- 具備擴充性

https://www.python.org/

AICPA美國會計師公會稽核資料標準

15

國際電腦稽核教育協會線上學習資源

https://www.icaea.net/English/Training/CAATs_Courses_Free_JCAATs.php

16

AI人工智慧新稽核生態系

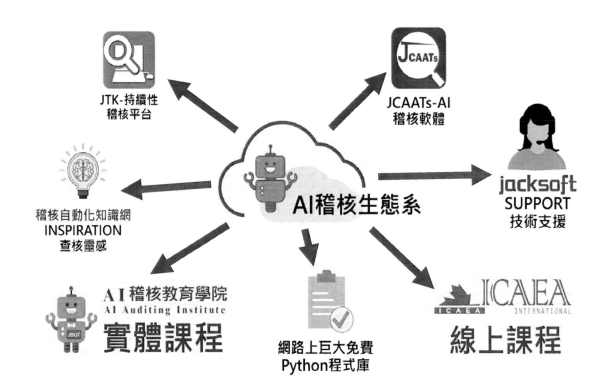

JTK-持續性
稽核平台

JCAATs-AI
稽核軟體

jacksoft
SUPPORT
技術支援

稽核自動化知識網
INSPIRATION
查核靈感

AI稽核生態系

AI稽核教育學院
AI Auditing Institute
實體課程

網路上巨大免費
Python程式庫

ICAEA
INTERNATIONAL
線上課程

權限衝突基本規則

表二：權限分類表		
分類	定義	舉例
授權	批准營運事項。	如會計傳票的核准。
保管	能夠使用或控制任一實體資產，如現金、設備、存貨等。	如出納人員保管現金。
紀錄	建立且維護任一有關收入、支出、存貨等紀錄。	如會計人員建立傳票。
覆核	核對營運事項的處理及記錄，以確保所有的營運事項是有效且有合適的授權紀錄。	如銀行往來調節表的確認。

權限衝突基本規則

表二：權限分類表
規則一：員工同時擁有**授權**交易事項之進行以及**紀錄**該交易事項的權限。
規則二：員工同時擁有**授權**交易事項之進行以及**保管**交易事項之資產的權限。
規則三：員工同時擁有**授權**交易事項之進行以及**覆核**該交易事項的權限。
規則四：員工同時擁有**保管**交易事項之資產以及**紀錄**該交易事項的權限。
規則五：員工同時擁有**紀錄**交易事項以及**覆核**該交易事項進行的權限。
規則六：員工同時擁有**保管**交易事項之資產以及**覆核**該交易事項的權限。

19

ERP系統的權限管理方式

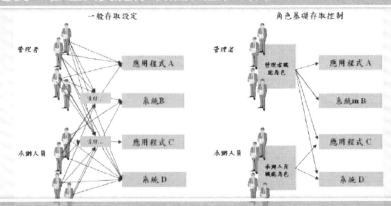

資料來源：Deloitte (2009) 20

ERP系統的權限管理方式

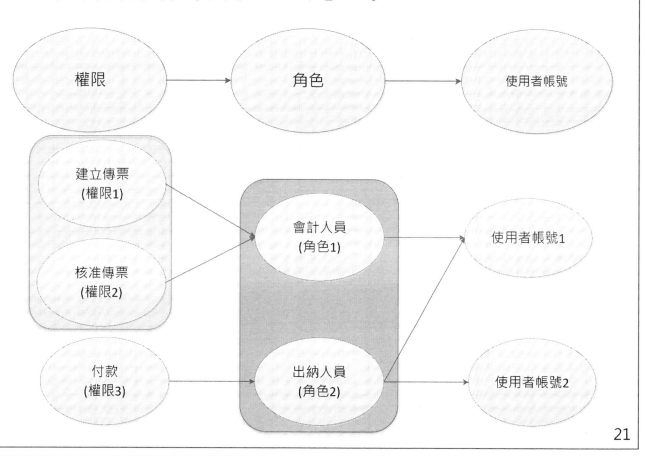

如何利用JCAATs進行ERP權限管理查核

- 查核角色內的權限衝突

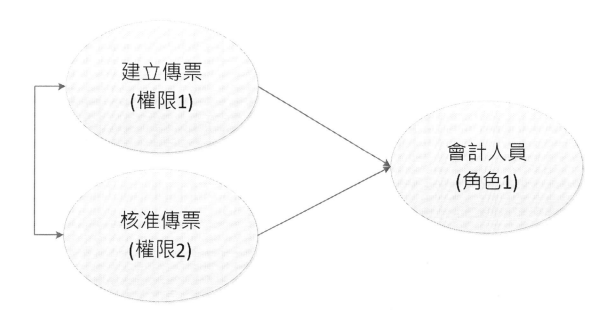

利用JCAATs進行ERP權限查核

- **查核使用者帳號的權限衝突**

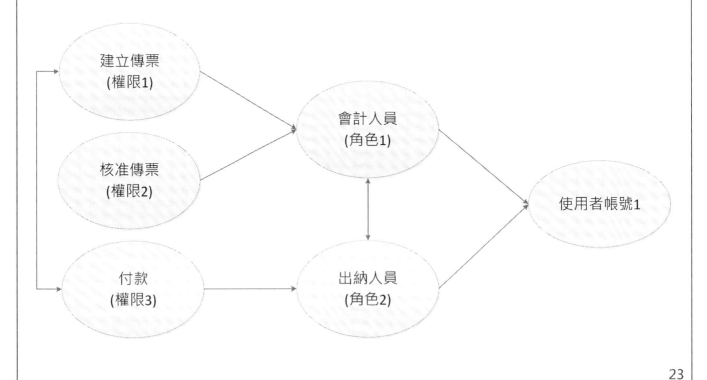

23

SAP ERP 版本

SAP R/1 → SAP R/2 → SAP R/3 → SAP ECC → SAP Business Suite on HANA → SAP S/4 HANA →

- ➢ **SAP R/2:** 基於SAP Main frame的ERP系統。
- ➢ **SAP R/3:** 在1997年，當SAP轉換到client server架構，稱為SAP R/3 (3 Tier Architecture)。也稱MySAP business suite。
- ➢ **SAP ECC:** SAP推出了6.0的新版本，並將其更名為ECC (ERP Core Component)。
- ➢ **SAP Business Suite on HANA:** 介於S/4 HANA 和 ECC 6 EHP7 之間的版本，具備HANA的功能或提高效能。
- ➢ **SAP S/4 HANA:** SAP推出自己可以處理大數據的HANA資料庫 (以前大多搭配Oracle資料庫)，並將其ERP產品遷移到HANA。
- ➢ **SAP S/4 HANA on cloud:** S/4 HANA 也可以在雲上使用，它被稱為S/4 HANA cloud。

24

使用JCAATs進行ERP權限管理稽核—以SAP系統為例

▪ SAP用戶數費用昂貴：

– 一般用戶6000-7000歐元(23萬~27萬)，開發用戶12000歐元(約47萬台幣)。

▪ SAP帳號風險：

– 預設帳號密碼未更改

– 離職員工帳號未刪除或仍有效

– 員工共用一個帳號，帶來相關問題，如：開錯採購單、非法入侵或使用

– 權限衝突風險：使用者帳號同時擁有不同的作業活動，例如：建立供應商、開立發票、付款

SAP 權限管理架構與SOD風險矩陣之應用

SAP權限管理架構圖:

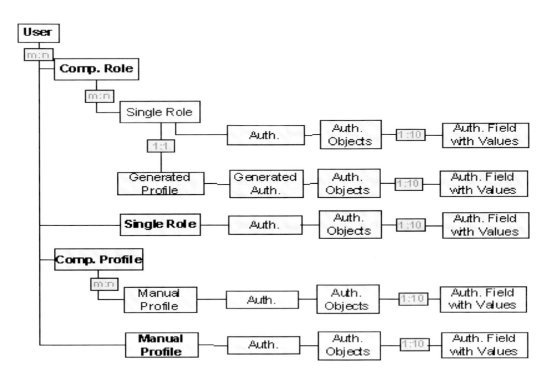

https://help.sap.com/doc/a998e6b741d344a3af963eb2eea078ff/1511%20002/en-
US/frameset.htm?4f4decf806b02892e10000000a42189b.html

SAP 角色的標準權限表:

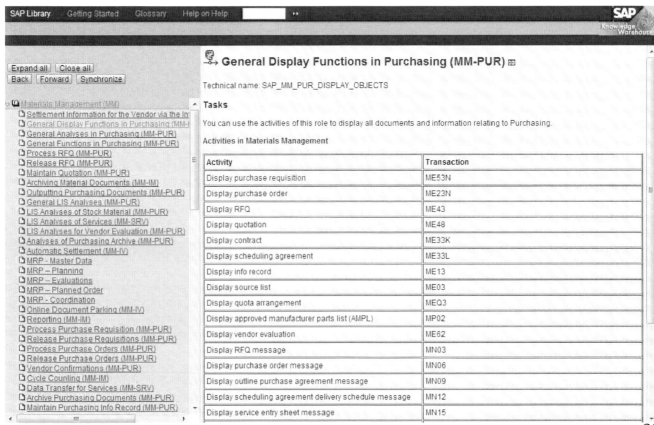

角色衝突風險矩陣:

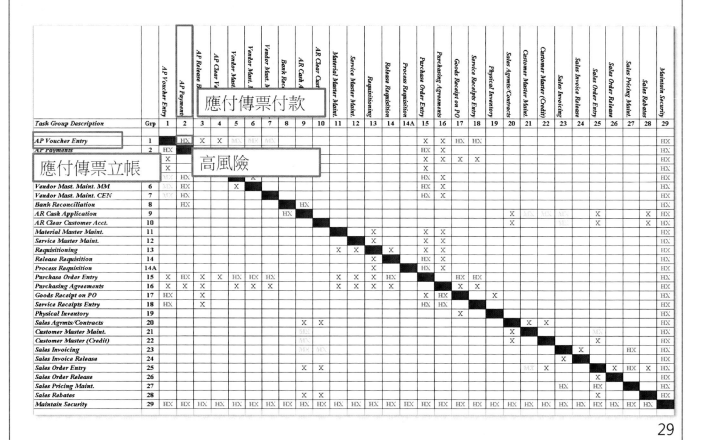

應付傳票付款

應付傳票立帳　　　高風險

Task Group Description	Grp	1	2	3	4	5	6	7	8	9	10	11	12	13	14	14A	15	16	17	18	19	20	21	22	23	24	25	26	27	28	29
AP Voucher Entry	1		HX	X	X	MX	MX	MX									X	X	HX	HX											HX
AP Payments	2	HX															HX	X													HX
		X															X	X	X	X										HX
		X															X														HX
		MX	HX				X										HX	X													HX
Vendor Mast. Maint. MM	6	MX	HX			X											HX	X													HX
Vendor Mast. Maint. CEN	7	MX	HX														HX	X													HX
Bank Reconciliation	8		HX							HX																					HX
AR Cash Application	9								HX													X	MX	MX	MX		X			X	HX
AR Clear Customer Acct.	10																					X		MX			X			X	HX
Material Master Maint.	11												X				X	X													HX
Service Master Maint.	12													X			X	X													HX
Requisitioning	13											X	X		X		X	X													HX
Release Requisition	14													X			HX	X													HX
Process Requisition	14A													X			HX	X													HX
Purchase Order Entry	15	X	HX	X	X	HX	HX	HX				X	X	X	HX			HX	HX												HX
Purchasing Agreements	16	X	X	X		X	X	X				X	X	X	X				X	X											HX
Goods Receipt on PO	17	HX		X													X	HX			X										HX
Service Receipts Entry	18	HX		X													HX	HX													HX
Physical Inventory	19																		X												HX
Sales Agrmts/Contracts	20									X	X												X	X							HX
Customer Master Maint.	21									MX													X				MX				HX
Customer Master (Credit)	22									MX													X			X					HX
Sales Invoicing	23									MX	MX															X			HX		HX
Sales Invoice Release	24																								X						HX
Sales Order Entry	25									X	X											MX	X				X	HX	X		HX
Sales Order Release	26																										X				HX
Sales Pricing Maint.	27																								HX		HX				HX
Sales Rebates	28									X	X																X				HX
Maintain Security	29	HX	HX	HX	HX	HX	HX	HX	HX	HX	HX	HX	HX	HX	HX	HX	HX	HX	HX	HX	HX	HX	HX	HX	HX	HX	HX	HX	HX	HX	

29

角色衝突表:

角色1	角色2	風險
AP Voucher Entry (SAP_FI_AP_INVOICE_PROCESSING)	AP Payment (SAP_FI_AP_PAYMENT_CHECKS)	Very High
AP Voucher Entry (SAP_FI_AP_INVOICE_PROCESSING	Good Receipt on PO (SAP_MM_GR_PURCHASE_ORDER)	Very High
AP Voucher Entry (SAP_FI_AP_INVOICE_PROCESSING	Service Receipt Entry (SAP_EP_LO_MM_ME00_01)	Very High

30

權限衝突檔的產生方式:

	角色(ROLE)	權限(T-CODE)
角色1	應付傳票立帳 (SAP_FI_AP_INVOICE_PROC ESSING ex: AP Voucher Entry)	F-43、F-48、F-51、F-53 F-54、F-59、FB02、FB08、 FB09、FB10...
角色2	應付傳票付款 (SAP_FI_AP_PAYMENT_CHE CKS ex: AP Payment)	F110、F111、FCHD、FCHG、 FCHN、FCHX...

角色1的權限	角色2的權限	風險
F-43	F110	High
F-43	F111	High
F-43	FCHD	High
F-43	FCHG	High

31

權限衝突檔(Conflict_Risk):

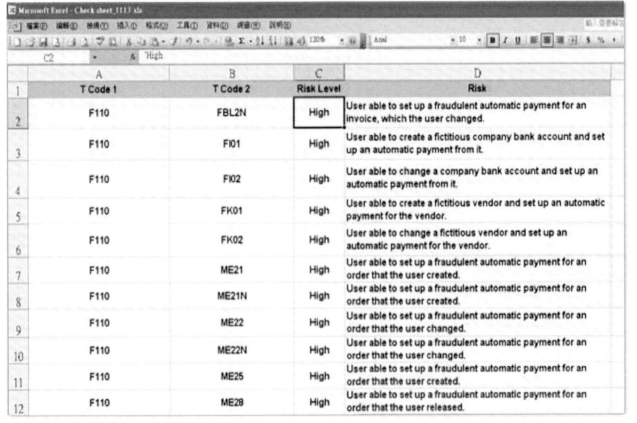

32

JCAATs指令說明—比對(Join)

在JCAATs系統中，提供使用者可以運用**比對(Join)** 指令，透過相同鍵值欄位結合兩個資料檔案進行比對，並產出成第三個比對後的資料表。

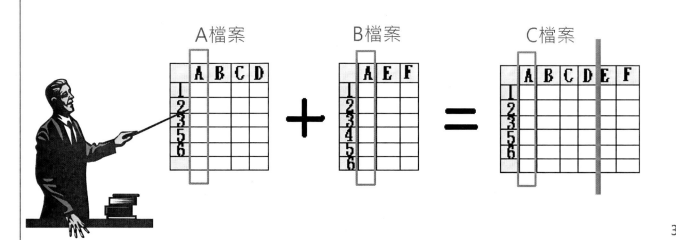

33

比對 (Join)指令使用步驟

1. 決定比對之目的
2. 辨別比對兩個檔案資料表，主表與次表
3. 要比對檔案資料須屬於同一個JCAATS專案中。
4. 兩個檔案中需有共同特徵欄位/鍵值欄位
   (例如：員工編號、身份證號)。
5. 特徵欄位中的資料型態、長度需要一致。
6. 選擇比對(Join)類別:
   A. Matched **Primary** with the first Secondary
   B. Matched All Primary with the first Secondary
   C. Matched All Secondary with the first Primary
   D. Matched All Primary and Secondary with the first
   E. Unmatched **Primary**
   F. Many to Many

34

比對(Join)的六種分析模式

> 狀況一：保留對應成功的主表與次表之第一筆資料。
> (Matched Primary with the first Secondary)

> 狀況二：保留主表中所有資料與對應成功次表之第一筆資料。
> (Matched All Primary with the first Secondary)

> 狀況三：保留次表中所有資料與對應成功主表之第一筆資料。
> (Matched All Secondary with the first Primary)

> 狀況四：保留所有對應成功與未對應成功的主表與次表資料。
> (Matched All Primary and Secondary with the first)

> 狀況五：保留未對應成功的主表資料。
> (Unmatched Primary)

> 狀況六: 保留對應成功的所有主次表資料
> (Many to Many)

35

JCAATs 比對(JOIN)指令六種類別

比對類型

 ● Matched Primary with the first Secondary

 ○ Matched All Primary with the first Secondary

 ○ Matched All Secondary with the first Primary

 ○ Matched All Primary and Secondary with the first

 ○ Unmatch Primary

 ○ Many to Many

36

比對(Join)練習基本功：

	薪資檔	
Empno	Cheque Amount	
001	$1850	
002	$2200	
003	$1000	
003	$1000	

主要檔

	員工檔	
Empno	Pay Per Period	
001	$1850	
003	$2000	
004	$1975	
005	$2450	

次要檔

⟨1⟩ Matched **Primary** with the first Secondary ⟨5⟩ Unmatched **Primary**

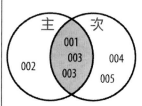

輸出檔

Empno	Cheque Amount	Pay Per Period
001	$1850	$1850
003	$1000	$2000
003	$1000	$2000

輸出檔

Empno	Cheque Amount
002	$2200

37

比對(Join)練習基本功：

	薪資檔	
Empno	Cheque Amount	
001	$1850	
002	$2200	
003	$1000	
003	$1000	

主要檔

	員工檔	
Empno	Pay Per Period	
001	$1850	
003	$2000	
004	$1975	
005	$2450	

次要檔

⟨2⟩ Matched All Primary with the first Secondary ⟨3⟩ Matched All Secondary with the first Primary

輸出檔

Empno	Cheque Amount	Pay Per Period
001	$1850	$1850
002	$2200	$0
003	$1000	$2000
003	$1000	$2000

輸出檔

Empno	Cheque Amount	Pay Per Period
001	$1850	$1850
003	$1000	$2000
003	$1000	$2000
004	$0	$1975
005	$0	$2450

38

比對(Join)練習基本功：

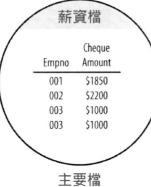

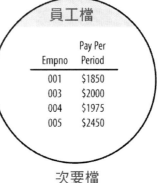

主要檔　　　　　　　　　　　　　　　次要檔

④ Matched All Primary and Secondary
with the first

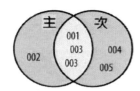

比對(Join)練習基本功：

Primary Table　　　　　　Secondary Table

1. 找出支付單與員工檔中相同員工代號所有相符資料
2. 篩選出正確日期之資料
3. 比對支付單中實際支付與員工檔中記錄薪支是否相符

Many-to-Many

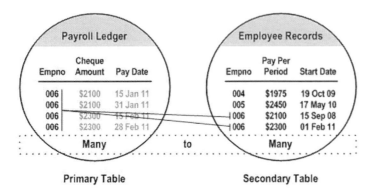

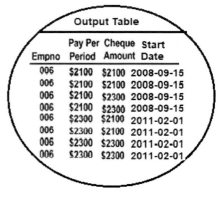

篩選正確日期資料條件

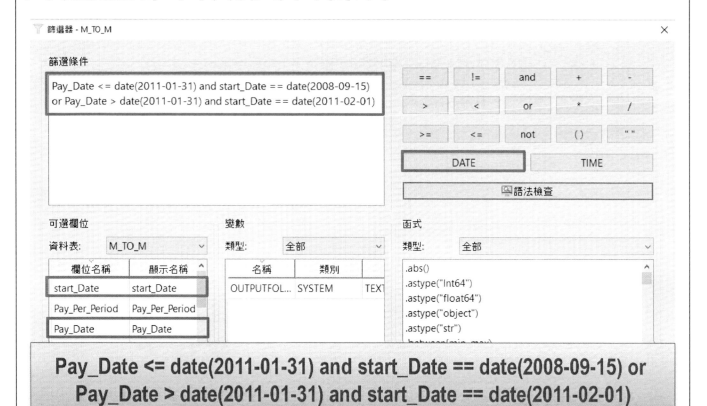

Pay_Date <= date(2011-01-31) and start_Date == date(2008-09-15) or
Pay_Date > date(2011-01-31) and start_Date == date(2011-02-01)

41

函式說明 — .isin()

在JCAATs系統中,若需要查找多個特定資料,便可使用.isin( )指令完成,允許查核人員快速地於大量資料中,找出指定資料值的記錄,故可應用於篩選多筆特定資料紀錄。

語法: Field.isin([values])

CUST_No	Date	Amount
795401	2019/08/20	-474.70
795402	2019/10/15	225.87
795403	2019/02/04	180.92
516372	2019/02/17	1,610.87
516373	2019/04/30	-1,298.43

CUST_No	Date	Amount
795403	2019/02/04	180.92
516373	2019/04/30	-1,298.43

- **範例篩選: CUST_No.isin(['795403','516373'])**

42

函式說明 — .isna()

在JCAATs系統中，若需要查找空值的資料，便可使用.isna( )指令完成，允許查核人員快速地於大量資料中，找出欄位內容為空的資料記錄，故可應用於檢核資料完整性和系統控制。

語法: Field.isna()

CUST_No	Date	Amount
795401	2019/08/20	-474.70
795402	2019/10/15	225.87
795403	2019/02/04	180.92
516372	NaT	1,610.87
516373	2019/04/30	-1,298.43

CUST_No	Date	Amount
516372	NaT	1,610.87

- **範例篩選: Date.isna()**

43

機器學習的概念

» Supervised Learning (監督式學習)

要學習的資料內容已經包含有答案欄位，讓機器從中學習，找出來造成這些答案背後的可能知識。JCAATs在監督式學習模型提供有 多元分類(Classification) 法，包含 Decision tree、KNN、Logistic Regression、Random Forest和SVM等方法。

» Unsupervised Learning (非監督式學習)

要學習的資料內容並無已知的答案，機器要自己去歸納整理，然後從中學習到這些資料間的相關規律。在非監督式學習模型方面，JCAATs提供集群(Cluster)與離群(Outlier) 方法。

44

JCAATs 監督式機器學習指令

指令	學習類型	資料型態	功能說明	結果產出
Train 學習	監督式	文字 數值 邏輯	使用自動機器學習機制產出一預測模型。	**預測模型檔** (Window 上 *.jkm 檔) 3個在JCAATs上模型評估表和混沌矩陣圖
Predict 預測	監督式	文字 數值 邏輯	導入預測模型到一個資料表來進行預測產出目標欄位答案。	預測結果資料表 (JCAATs資料表)

AI智能稽核專案執行步驟

➢ 可透過JCAATs AI稽核軟體，有效完成專案，包含以下六個階段：

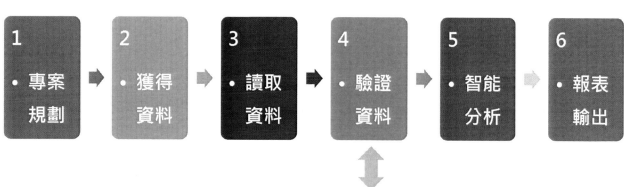

一、專案規劃

查核項目	資通安全作業稽核	存放檔名	ERP權限控管查核
查核目標	進行資通安全作業之ERP權限控管查核。		
查核說明	針對ERP權限管理是否適當進行控制查核，檢核是否有須深入追查之權限管理失當帳號。		
查核程式	1. 查核系統預設帳號之密碼是否有未變更情形。**(演練一)** 2. 查核同一帳號是否有多位員工共用之情形。**(演練二)** 3. 查核離職員工之帳號是否有未鎖定之情形。**(演練三)** 4. 查核各角色內的交易權限，是否有衝突或高風險之情形。**(演練四)** 5. 查核各使用者帳號是否有不相容職務之權限衝突情形。**(演練五)**		
資料檔案	使用者登入檔、使用者角色分派檔、角色權限表分派檔、員工異動檔、員工通訊檔、權限衝突檔		
所需欄位	請詳後附件明細表		

47

二、獲得資料

- 稽核部門可以寄發稽核通知單，通知受查單位準備之資料及格式。
- 稽核部門檔案資料：
  - ☑ 權限衝突檔(Conflict_Risk)
- 受查單位檔案資料：
  - ☑ 使用者登入檔(USR02)
  - ☑ 員工通訊檔(PA0105)
  - ☑ 人事異動檔(PA0000)
  - ☑ 角色權限分派檔
(AGR_TCODES)
  - ☑ 使用者角色分派表
(AGR_USERS)

稽核通知單

受文者	A電子股份有限公司　　　　　資訊室	
主旨	為進行公司權限管理查核工作，請 貴單位提供相關檔案資料以利查核工作之進行。所需資訊如下說明。	
說明		
一、	本單位擬於民國XX年XX月XX日開始進行為期X天之例行性查核，為使查核工作順利進行，謹請在XX月XX日前 惠予提供XXXX年XX月XX日至XXXX年XX月XX日之客戶相關明細檔案資料，如附件。	
二、	依年度稽核計畫辦理。	
三、	後附資料之提供，若擷取時有任何不甚明瞭之處，敬祈隨時與稽核人員聯絡。	
請提供檔案明細：		
一、	使用者登入檔,使用者角色分派表,角色交易權限表,交易權限物件表,交易權限說明表,角色物件表,請提供包含欄位名稱且以逗號分隔的文字檔，並提供相關檔案格式說明(請詳附件)	
稽核人員：Allen	稽核主管：Sherry	48

3.讀取資料

資料倉儲與JCAATs的結合功能優點

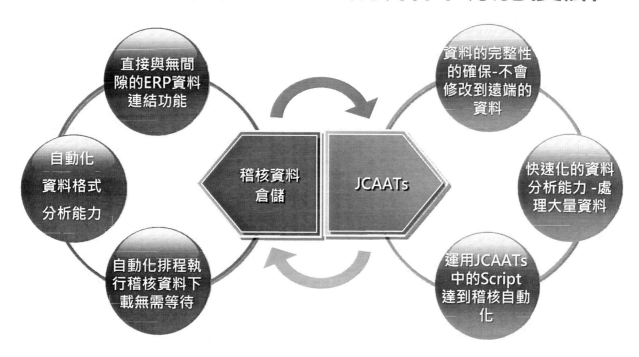

- 直接與無間隙的ERP資料連結功能
- 自動化資料格式分析能力
- 自動化排程執行稽核資料下載無需等待
- 稽核資料倉儲
- JCAATs
- 資料的完整性的確保-不會修改到遠端的資料
- 快速化的資料分析能力 -處理大量資料
- 運用JCAATs中的Script達到稽核自動化

49

三、資料讀取:

資料擷取方法:

1. 利用TCODE
   --SE11、SE16

2. JCAATs SAP
   連結器

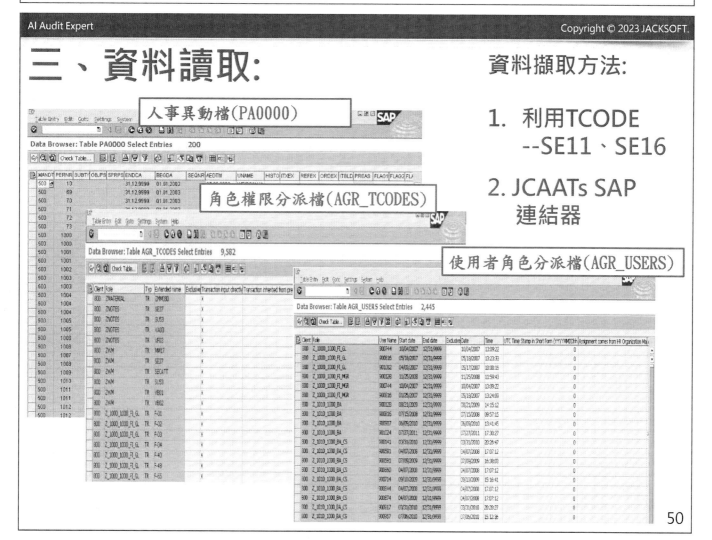

人事異動檔(PA0000)

角色權限分派檔(AGR_TCODES)

使用者角色分派檔(AGR_USERS)

50

(1) T-CODE資料擷取: SE11+SE16

員工通訊檔(PA0105)

使用者登入檔(USR02)

51

jacksoft | AI Audit Expert

www.jacksoft.com.tw

JCAATs
SAP ERP 稽核
資料倉儲解決方案

Copyright © 2023 JACKSOFT.

52

SAP ERP 電腦稽核現況與挑戰

- 查核項目之評估判斷
- 大量的系統畫面檢核與報表分析
- SAP資料庫之資料表數量龐大且關係複雜

海量資料
快速分析

- 資料庫權限控管問題
- 可能需下載大量記錄資料
- SAP系統效能的考量

稽核資料倉儲

提高各單位生產力與加快營運知識累積與發揮價值

- 依據國際IIA 與 AuditNet 的調查，分析人員進行電腦資料分析與檢核最大的瓶頸來至於資料萃取，而營運分析資料倉儲建立即可以解決此問題，使分析部門快速的進入到持續性監控的運作環境。

- 營運分析資料倉儲技術已廣為使用於現代化的企業，其提供營運分析部門將所需要查核的相關資料進行整合，提供營運分析人員可以獨立自主且快速而準確的進行資料分析能力。

- 可減少資料下載等待時間、資料管理更安全、分析與檢核底稿更方便分享、24小時持續性監控效能更高。

建構稽核資料倉儲優點

	特性	建構稽核資料倉儲優點	未建構缺點
1	資訊安全管理	區別資料與查核程式於不同平台資訊安全管理較嚴謹與方便	混合查核程式與資料，資訊安全管理較複雜與困難
2	磁碟空間規劃	磁碟空間規劃與管理較方便與彈性	較難管理與預測磁碟空間需求
3	異質性資料	因已事先處理，稽核人員看到的是統一的資料格式，無異質性的困擾	稽核人員需對異質性資料處理，有技術性難度
4	資料統一性	不同的稽核程式，可以方便共用同一稽核資料	稽核資料會因不同分析程式需要而重複下載
5	資料等待時間	可事先處理資料，無資料等待問題	需特別設計
6	資料新增週期	動態資料新增彈性大	需特別設計
7	資料生命週期	可以設定資料生命週期，符合資料治理	需要特別設計
8	Email通知	可自動email 通知資料下載執行結果	需人工自行檢查
9	Window統一檔案權限管理	由Window作業系統統一檔案的權限管理，資訊單位可以透過AD有效確保檔案安全	資料檔案分散於各機器，管理較困難，或需購買額外設備管理

AI Audit Expert

JCAATs
-SAP ERP資料
連結器資料下載

JCAATs SAP ERP資料連結器
匯入步驟說明:

一.JCAATs 專業版加購SAP ERP 資料連結器模組

二.JCAATs SAP ERP 資料連結器特色說明

三.如何快速進行SAP ERP資料下載步驟說明

(一)開啟JCAATs AI稽核軟體專案

(二)新增JCAATs 專案資料表

(三)啟動匯入精靈

　1) JCAATs SAP ERP 資料連結器設定

　2) 依通用稽核字典進行欄位檢索，選取查核標的

　3) JCAATs SAP ERP連結器使用介面

　4) JCAATs SAP ERP連結器資料匯入結果畫面

*以上實際操作使用方式，請JCAATs 專業版客戶，上AI稽核教育學院
　維護客戶服務專區觀看線上教學影片

SAP ERP 資料萃取特色比較

特色比較	SAP ERP 資料連結器	TCODE
智慧化查詢	多樣化查詢條件（可依表格名稱、描述、欄位名稱、欄位描述查詢）模組化查詢（依SAP連結器）預覽查詢結果	僅能輸入表格名稱查詢 僅能由SAP畫面表單欄位回查表格，無法模組查詢
便利化使用	資料下載匯入步驟簡易，只需點選下載按鈕，只需一步驟即可完成 JCAATs資料下載與匯入	資料下載匯入步驟繁瑣：(1)下載為Excel檔、(2)去除Excel表頭資訊、(3)定義資料欄位格式匯入JCAATs
資料下載量	資料下載透過SAP ABAP程式 RFC接口方式來下載資料，相關下載資料大小限制，由SAP ERP Server來限制	即使新Excel版本可高達 1,048,576筆資料，當處理大數據時仍會出現開啟和執行上的困難

SAP ERP 資料萃取特性比較

特色比較	SAP ERP 資料連結器	TCODE
效能提升性	傳統遠程訪問中，效能瓶頸可能會對應用程序造成災難性的影響，SAP ERP資料連結器透過**智能快取**和SAP RFC技術大大提升效能。	採平等優先權處理，造成系統因資源不足而效能降低。
獨立性	獨立於SAP系統，資料表格上的欄位可下載並匯入JCAATs。	屬於SAP功能之一，且可藉由撰寫程式隱藏資料欄位，獨立性無法確保。

59

使用者登入檔(USR02)

開始欄位	長度	欄位名稱	意義	型態	備註
1	12	BNAME	使用者帳號	C	
13	3	UFLAG	帳號鎖定狀態	C	0:未鎖定
16	10	PWDCHGDATE	密碼更改日	D	YYYY/MM/DD
26	1	PWDINITIAL	密碼為初始值	C	1:初始

- C：文字欄位
- N：數字欄位
- D：日期欄位

※**資料筆數：10,332**

60

員工通訊檔(PA0105)

開始欄位	長度	欄位名稱	意義	型態	備註
1	8	PERNR	員工編號	C	
9	4	SUBTY	通訊類型	C	0001=使用者帳號
13	30	USRID	通訊資料：ID、號碼、地址		

- C：文字欄位
- N：數字欄位
- D：日期欄位

※資料筆數：53,688

人事異動檔(PA0000)

開始欄位	長度	欄位名稱	意義	型態	備註
1	8	PERNR	員工編號	C	
9	2	MASSN	異動類型	C	
11	2	MASSG	異動原因	C	
13	10	BEGDA	異動起始日	D	YYYYMMDD
23	10	ENDDA	異動終止日	D	YYYYMMDD
33	1	STAT2	雇用狀態	C	0 =離職

- C：文字欄位
- N：數字欄位
- D：日期欄位

※資料筆數：30,201

權限衝突檔(Conflict_Risk)

開始欄位	長度	欄位名稱	意義	型態	備註
1	48	TCODE_1	權限1	C	
49	48	TCODE_2	權限2	C	
97	6	Risk_Level	風險水準	C	
101	175	Risk	風險	C	

- C：文字欄位
- N：數字欄位
- D：日期欄位

※資料筆數：1,502

角色權限分派檔(AGR_TCODES)

開始欄位	長度	欄位名稱	意義	型態	備註
1	30	AGR_NAME	角色名稱	C	
31	48	TCODE	權限名稱	C	

- C：文字欄位
- N：數字欄位
- D：日期欄位

※資料筆數：160,715

使用者角色分派檔(AGR_USERS)

開始欄位	長度	欄位名稱	意義	型態	備註
1	30	AGR_NAME	角色名稱	C	
31	12	UNAME	使用者帳號	C	
43	10	FROM_DAT	角色分派日	D	YYYY/MM/DD
51	10	TO_DAT	角色終止日	D	YYYY/MM/DD

- C：文字欄位
- N：數字欄位
- D：日期欄位

※資料筆數：12,441

 **jacksoft** www.jacksoft.com.tw | **AI Audit Expert**

上機演練一：
查核是否有預設帳號密
碼未變更者

演練一：
查核是否有預設帳號密碼未變更者

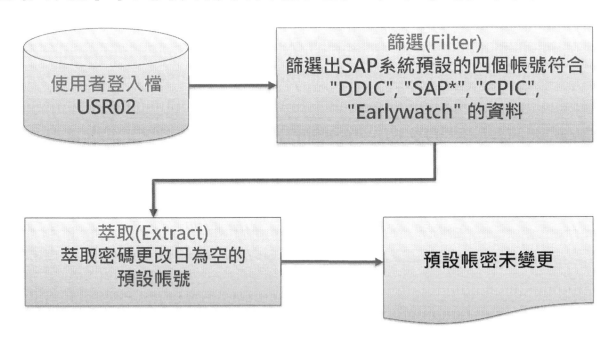

註：DDIC、SAP*、CPIC、Earlywatch為SAP系統預設帳號

Step1：資料表篩選(Filter)

- 開啟查核資料表使用者登入檔
- 點選「▽」進行篩選條件設定

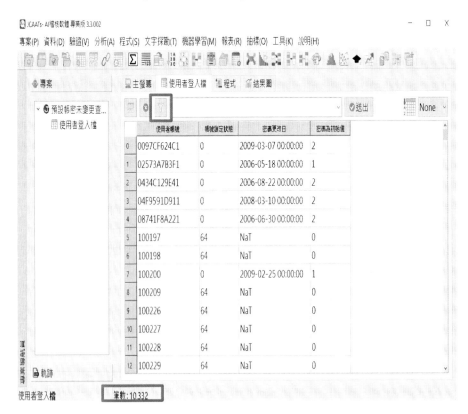

Step2：設定篩選(Filter)條件

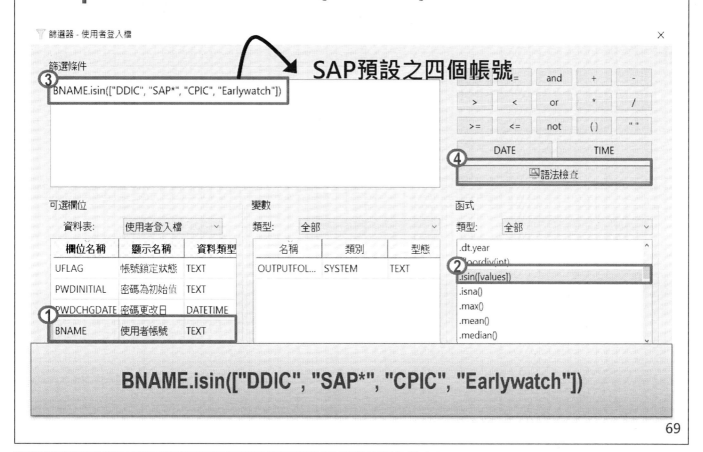

BNAME.isin(["DDIC", "SAP*", "CPIC", "Earlywatch"])

Step3：萃取(Extract)資料表

- 選取報表→萃取指令

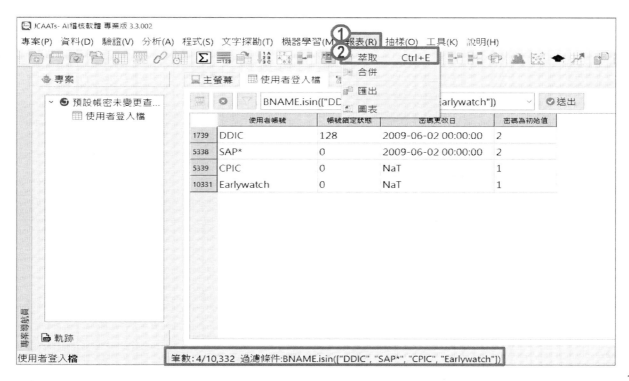

Step4：萃取(Extract)指令參數設定

- 選取所需萃取欄位
- 點選「篩選...」進行篩選條件設定

Step5：設定萃取(Extract)篩選條件

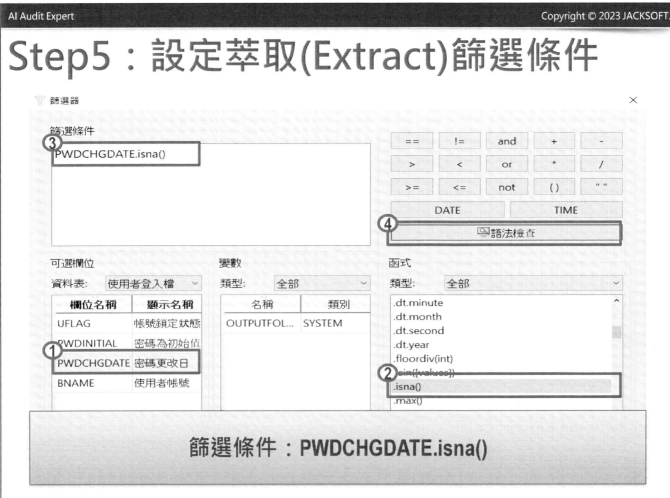

篩選條件：PWDCHGDATE.isna()

Step6：輸出至新資料表

- 輸出至資料表
  預設帳密未變更
- 點選確定

Step7：結果檢視

JCAATs- AI稽核軟體 專業版 3.3.002

專案(P) 資料(D) 驗證(V) 分析(A) 程式(S) 文字探勘(T) 機器學習(M) 報表(R) 抽樣(O) 工具(K) 說明(H)

◆ 專案
- ✓ ⑤ 預設帳密未變更查核...
  - 使用者登入檔
  - 預設帳密未變更

🖳 主螢幕　🖩 預設帳密未變更　🖳 程式　🏛 結果圖

◎送出

	使用者帳號	帳號鎖定狀態	密碼更改日	密碼為初始值
0	CPIC	0	NaT	1
1	Earlywatch	0	NaT	1

📄軌跡

預設帳密未變更　　　　筆數：2　　　共2筆預設帳號密碼未變更

上機演練二：
查核同一帳號是否有多
位員工共用之情形

75

演練二：
查核同一帳號是否有多位員工共用情形

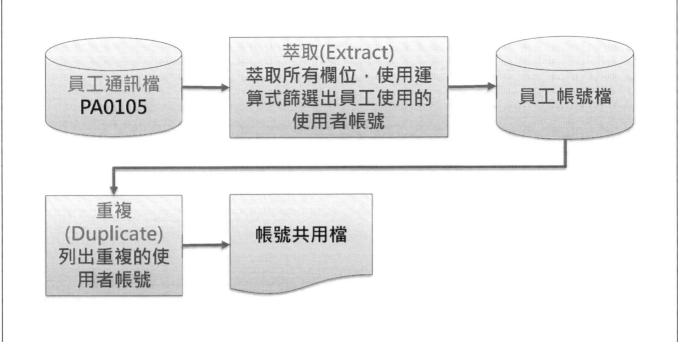

76

Step1：萃取(Extract)資料表

- 開啟查核資料表
  員工通訊檔
- 選取報表
  →萃取指令

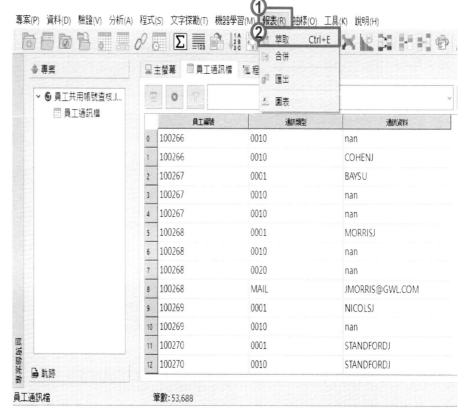

Step2：萃取(Extract)指令參數設定

- 選取所需萃取欄位
- 點選「**篩選...**」進
  行篩選條件設定
- 設定篩選條件
  SUBTY == "0001"

Step3：輸出至新資料表

- 輸出至資料表
  員工帳號檔
- 點選確定

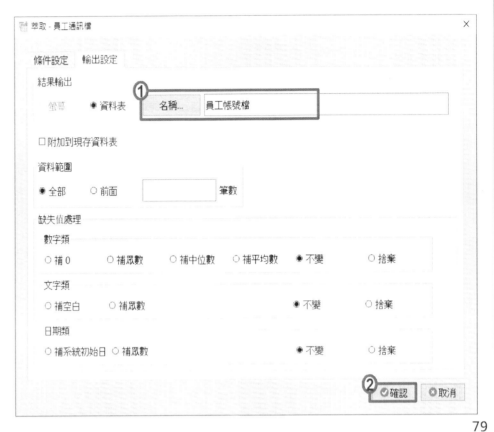

Step4：結果檢視

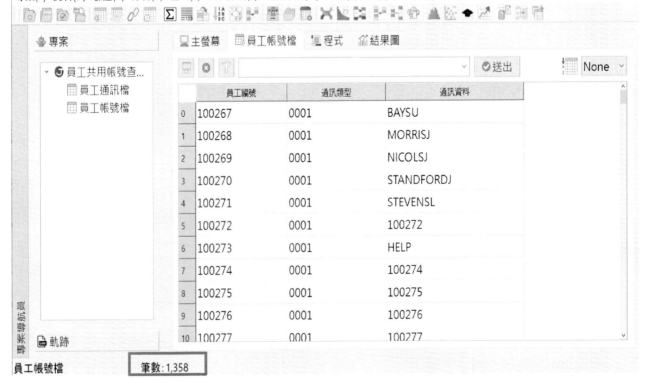

Step5：驗證資料表-重複(Duplicate)

- 開啟查核資料表
  員工帳號檔
- 選取驗證
  →重複指令

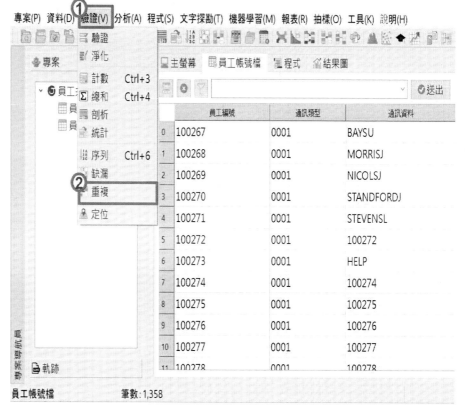

Step6：重複(Duplicate) 設定

- 條件設定:
  1.選取重複欄位:
  通訊資料(USRID)
  2.選擇列出欄位:
  全選
- 輸出設定:
  輸出至新資料表
  帳號共用檔

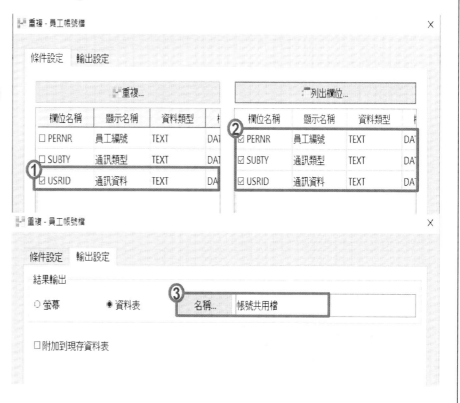

Step7：結果檢視

專案(P) 資料(D) 驗證(V) 分析(A) 程式(S) 文字探勘(T) 機器學習(M) 報表(R) 抽樣(O) 工具(K) 說明(H)

	RECNO	通訊資料	員工編號	通訊類型
0	837 00106950		109201	0001
1	634 00106950		108025	0001
2	1,283 29002		290036	0001
3	1,232 29002		290001	0001
4	1,282 29002		290035	0001
5	713 CDN-LOG		70031	0001
6	712 CDN-LOG		70030	0001
7	1,227 CH_ADMI		210073	0001
8	989 CH_ADMI		109461	0001
9	972 COLEY		100233	0001
10	984 COLEY		100245	0001
11	803 COLEY		100135	0001
12	682 CORBINA		108061	0001

帳號共用檔   筆數:24

共24筆員工共用帳號

83

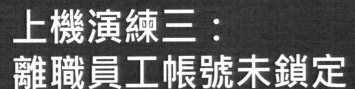

上機演練三：
離職員工帳號未鎖定

演練三：離職員工帳號未鎖定

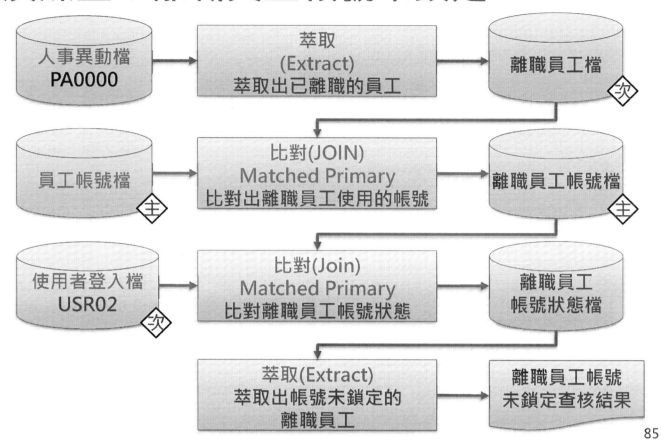

85

查核程序一：萃取(Extract)資料表

- 開啟查核資料表
  人事異動檔
- 選取報表
  →萃取指令

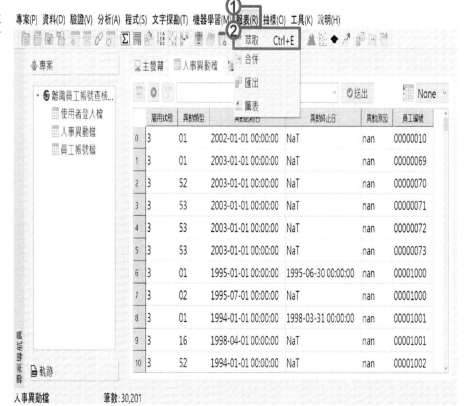

86

Step2：萃取(Extract)指令參數設定

- 選取所需萃取欄位
- 點選「**篩選...**」進行篩選條件設定
- 設定篩選條件
  STAT2 == "0"

87

Step3：輸出至新資料表

- 輸出至資料表
  離職員工檔
- 點選確定

88

Step4：結果檢視

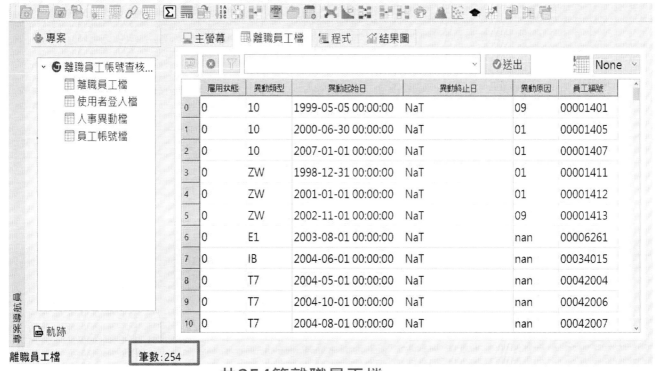

離職員工檔　　筆數：254

共254筆離職員工檔

Step5：比對(Join)資料表

- 開啟查核資料表員工帳號檔
- 點選分析→比對

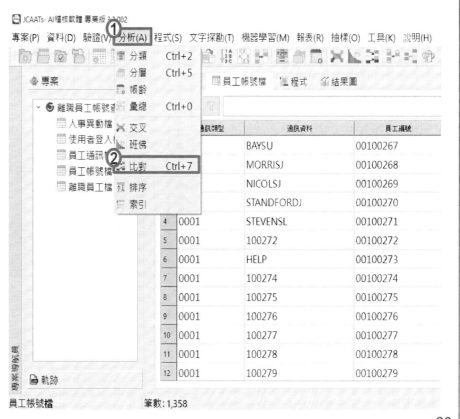

員工帳號檔　　筆數：1,358

Step6：比對(Join)指令參數設定

比對條件設定:

- 選擇主表
  員工帳號檔
- 選擇次表
  離職員工檔
- 設定主表關鍵欄位
  員工編號(PERNR)
- 設定次表關鍵欄位
  員工編號(PERNR)
- 選取主表欄位
  全選
- 選取次表欄位
  雇用狀態(STAT2)

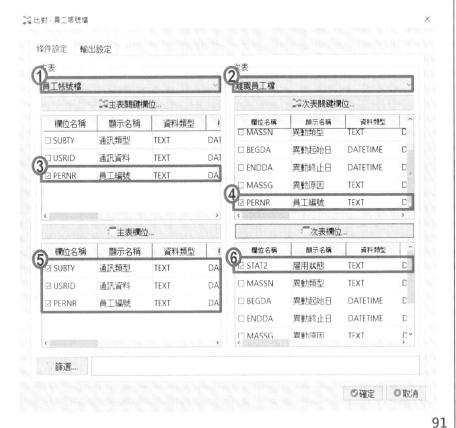

91

Step7：比對(Join)指令輸出設定

比對輸出設定:

- 輸出至資料表:
  離職員工帳號檔
- 選擇比對類型:
  Matched Primary
  with the first
  Secondary
- 點選確定

92

Step8：比對(Join)結果檢視

共49筆離職員工帳號檔

93

查核程序二：比對(Join)資料表

- 開啟查核資料表
  離職員工帳號檔
- 點選分析→比對

94

Step2：比對(Join)指令條件設定

比對條件設定:
- 選擇主表
  離職員工帳號檔
- 選擇次表
  使用者登入檔
- 設定主表關鍵欄位
  通訊資料(USRID)
- 設定次表關鍵欄位
  使用者帳號(BNAME)
- 選取主表欄位
  全選
- 選取次表欄位
  帳號鎖定狀態(UFLAG)

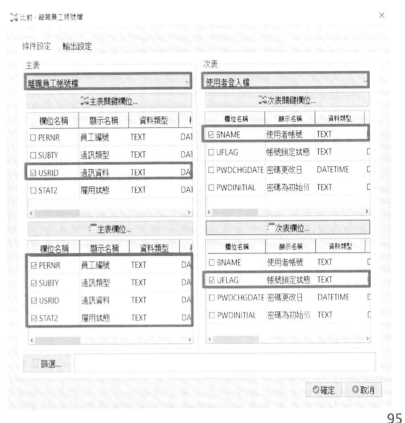

Step3：比對(Join)指令輸出設定

比對輸出設定:
- 輸出至資料表
  離職員工帳號狀態檔
- 選擇比對類型
  Matched Primary with the first Secondary
- 點選確定

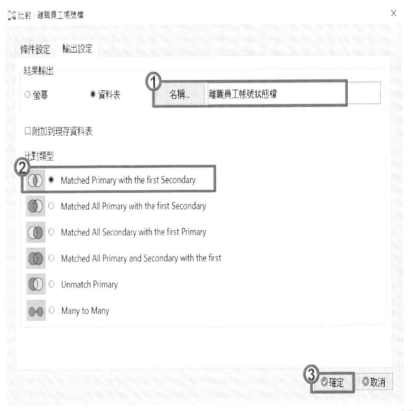

Step4：比對(Join)結果檢視

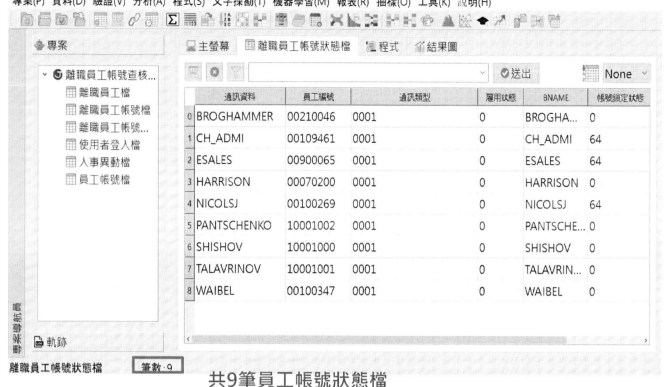

專案(P) 資料(D) 驗證(V) 分析(A) 程式(S) 文字探勘(T) 機器學習(M) 報表(R) 抽樣(O) 工具(K) 說明(H)

	通訊資料	員工編號	通訊類型	雇用狀態	BNAME	帳號鎖定狀態
0	BROGHAMMER	00210046	0001	0	BROGHA...	0
1	CH_ADMI	00109461	0001	0	CH_ADMI	64
2	ESALES	00900065	0001	0	ESALES	64
3	HARRISON	00070200	0001	0	HARRISON	0
4	NICOLSJ	00100269	0001	0	NICOLSJ	64
5	PANTSCHENKO	10001002	0001	0	PANTSCHE...	0
6	SHISHOV	10001000	0001	0	SHISHOV	0
7	TALAVRINOV	10001001	0001	0	TALAVRIN...	0
8	WAIBEL	00100347	0001	0	WAIBEL	0

離職員工帳號狀態檔　　筆數：9

共9筆員工帳號狀態檔

97

Step5：萃取(Extract)資料表

- 開啟查核資料表
  離職員工帳號狀態檔
- 選取報表
  →萃取指令

98

Step6：萃取(Extract)指令參數設定

- 選取所需萃取欄位
- 點選「篩選…」進行篩選條件設定
- 設定篩選條件
  UFLAG == "0"

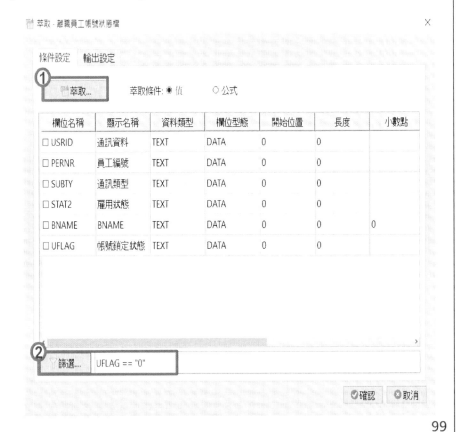

99

Step7：輸出至新資料表

- 輸出至資料表
  離職員工帳號未鎖定
- 點選確定

100

Step8：結果檢視

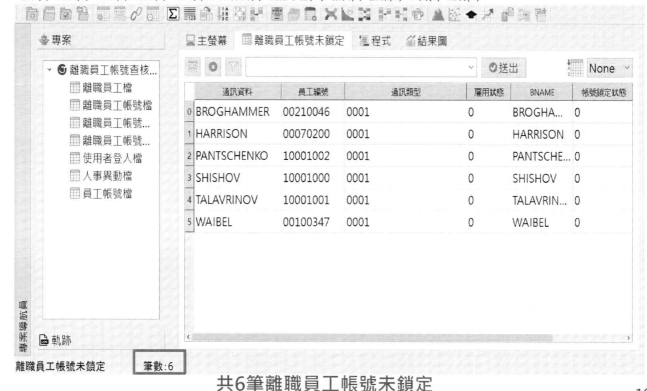

專案(P) 資料(D) 驗證(V) 分析(A) 程式(S) 文字探勘(T) 機器學習(M) 報表(R) 抽樣(O) 工具(K) 說明(H)

	通訊資料	員工編號	通訊類型	雇用狀態	BNAME	帳號鎖定狀態
0	BROGHAMMER	00210046	0001	0	BROGHA...	0
1	HARRISON	00070200	0001	0	HARRISON	0
2	PANTSCHENKO	10001002	0001	0	PANTSCHE...	0
3	SHISHOV	10001000	0001	0	SHISHOV	0
4	TALAVRINOV	10001001	0001	0	TALAVRIN...	0
5	WAIBEL	00100347	0001	0	WAIBEL	0

專案導航區

離職員工帳號未鎖定   筆數:6

共6筆離職員工帳號未鎖定

101

 jacksoft | **AI Audit Expert**
www.jacksoft.com.tw

上機演練四：
高風險角色查核

Copyright © 2023 JACKSOFT.

102

演練四：查核各角色交易權限是否衝突

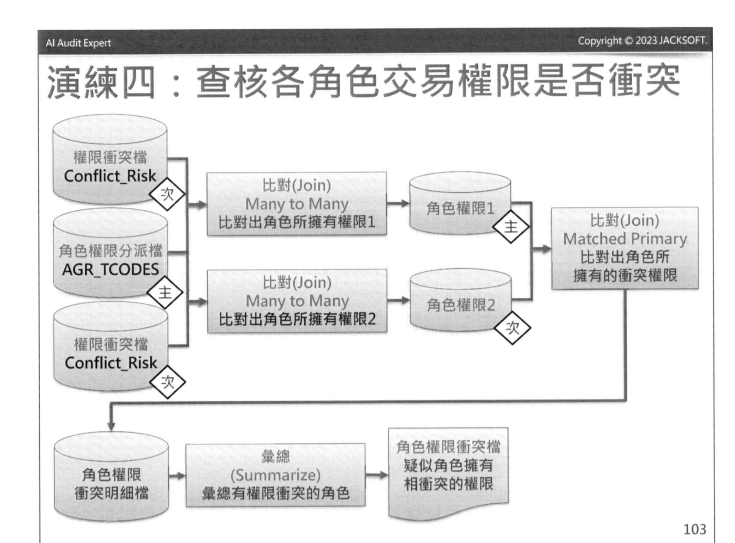

103

查核程序一：比對(Join)資料表

- 開啟查核資料表
  角色權限分派檔
- 點選分析→比對

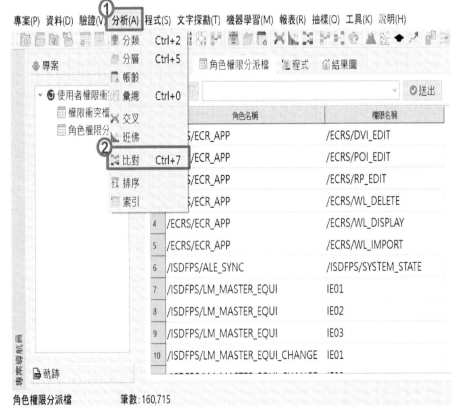

104

Step2：比對(Join)指令條件設定

- 選擇主表
  角色權限分派檔
- 選擇次表
  權限衝突檔
- 設定主表關鍵欄位
  權限名稱(TCODE)
- 設定次表關鍵欄位
  權限1(TCODE_1)
- 選取主表欄位
  全選
- 選取次表欄位
  全選

Step3：比對(Join)指令輸出設定

- 輸出至資料表
  角色權限1
- 選擇比對類型
  Many to Many
- 點選確定

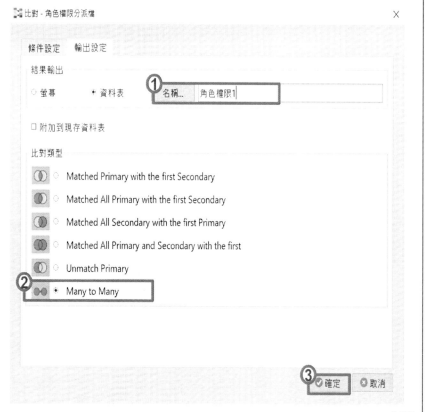

Step4：比對(Join)結果檢視

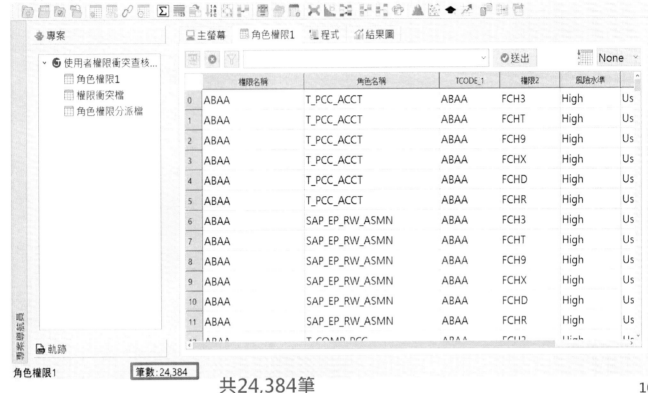

專案(P) 資料(D) 驗證(V) 分析(A) 程式(S) 文字探勘(T) 機器學習(M) 報表(R) 抽樣(O) 工具(K) 說明(H)

	權限名稱	角色名稱	TCODE_1	權限2	風險水準	
0	ABAA	T_PCC_ACCT	ABAA	FCH3	High	Us
1	ABAA	T_PCC_ACCT	ABAA	FCHT	High	Us
2	ABAA	T_PCC_ACCT	ABAA	FCH9	High	Us
3	ABAA	T_PCC_ACCT	ABAA	FCHX	High	Us
4	ABAA	T_PCC_ACCT	ABAA	FCHD	High	Us
5	ABAA	T_PCC_ACCT	ABAA	FCHR	High	Us
6	ABAA	SAP_EP_RW_ASMN	ABAA	FCH3	High	Us
7	ABAA	SAP_EP_RW_ASMN	ABAA	FCHT	High	Us
8	ABAA	SAP_EP_RW_ASMN	ABAA	FCH9	High	Us
9	ABAA	SAP_EP_RW_ASMN	ABAA	FCHX	High	Us
10	ABAA	SAP_EP_RW_ASMN	ABAA	FCHD	High	Us
11	ABAA	SAP_EP_RW_ASMN	ABAA	FCHR	High	Us

角色權限1　　　筆數：24,384

共24,384筆

107

查核程序二：比對(Join)資料表

- 開啟查核資料表
  角色權限分派檔
- 點選分析→比對

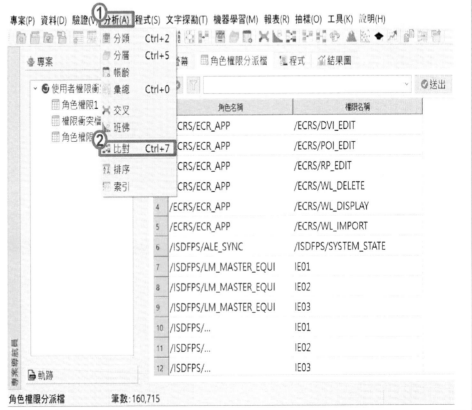

專案(P) 資料(D) 驗證(V) 分析(A) 程式(S) 文字探勘(T) 機器學習(M) 報表(R) 抽樣(O) 工具(K) 說明(H)

分類 Ctrl+2
分層 Ctrl+5
帳齡
彙總 Ctrl+0
交叉
班佛
比對 Ctrl+7
排序
索引

	角色名稱	權限名稱
	/ECRS/ECR_APP	/ECRS/DVI_EDIT
	/ECRS/ECR_APP	/ECRS/POI_EDIT
	/ECRS/ECR_APP	/ECRS/RP_EDIT
	/ECRS/ECR_APP	/ECRS/WL_DELETE
4	/ECRS/ECR_APP	/ECRS/WL_DISPLAY
5	/ECRS/ECR_APP	/ECRS/WL_IMPORT
6	/ISDFPS/ALE_SYNC	/ISDFPS/SYSTEM_STATE
7	/ISDFPS/LM_MASTER_EQUI	IE01
8	/ISDFPS/LM_MASTER_EQUI	IE02
9	/ISDFPS/LM_MASTER_EQUI	IE03
10	/ISDFPS/...	IE01
11	/ISDFPS/...	IE02
12	/ISDFPS/...	IE03

角色權限分派檔　　　筆數：160,715

108

Step2：比對(Join)指令條件設定

- 選擇主表
  角色權限分派檔
- 選擇次表
  權限衝突檔
- 設定主表關鍵欄位
  權限名稱(TCODE)
- 設定次表關鍵欄位
  權限2(TCODE_2)
- 選取主表欄位
  全選
- 選取次表欄位
  全選

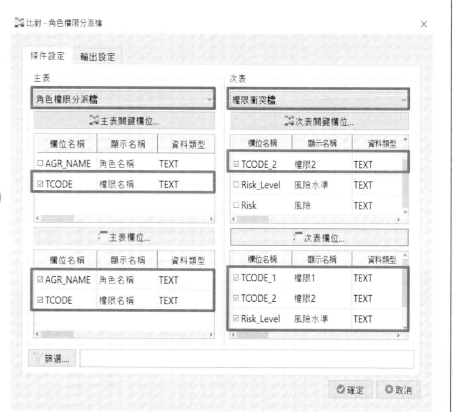

109

Step3：比對(Join)指令輸出設定

- 輸出至資料表
  角色權限2
- 選擇比對類型
  Many to Many
- 點選確定

110

Step4：比對(Join)結果檢視

專案(P) 資料(D) 驗證(V) 分析(A) 程式(S) 文字探勘(T) 機器學習(M) 報表(R) 抽樣(O) 工具(K) 說明(H)

	權限名稱	角色名稱	TCODE_2	權限1	風險水準	
0	ABAA	T_PCC_ACCT	ABAA	FCH3	High	User able to c
1	ABAA	T_PCC_ACCT	ABAA	FCHX	High	User able to c
2	ABAA	T_PCC_ACCT	ABAA	FCHT	High	User able to c
3	ABAA	T_PCC_ACCT	ABAA	FCH9	High	User able to c
4	ABAA	T_PCC_ACCT	ABAA	FCHD	High	User able to c
5	ABAA	T_PCC_ACCT	ABAA	FCHR	High	User able to c
6	ABAA	SAP_EP_RW_ASMN	ABAA	FCH3	High	User able to c
7	ABAA	SAP_EP_RW_ASMN	ABAA	FCHX	High	User able to c
8	ABAA	SAP_EP_RW_ASMN	ABAA	FCHT	High	User able to c
9	ABAA	SAP_EP_RW_ASMN	ABAA	FCH9	High	User able to c
10	ABAA	SAP_EP_RW_ASMN	ABAA	FCHD	High	User able to c
11	ABAA	SAP_EP_RW_ASMN	ABAA	FCHR	High	User able to c
12	ABAA	T_COMP_PCC	ABAA	FCH3	High	User able to c

專案：使用者權限衝突查核...
- 角色權限1
- 角色權限2
- 權限衝突檔
- 角色權限分派檔

角色權限2　　　筆數：24,384

共24,384筆

111

查核程序三：比對(Join)資料表

- 開啟查核資料表 角色權限1
- 點選分析→比對

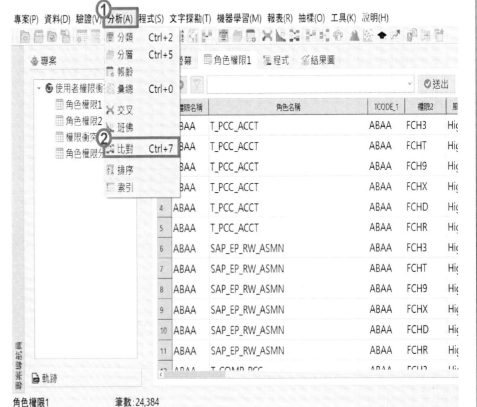

專案(P) 資料(D) 驗證(V) 分析(A) 程式(S) 文字探勘(T) 機器學習(M) 報表(R) 抽樣(O) 工具(K) 說明(H)

	分類	Ctrl+2
	分層	Ctrl+5
	帳齡	
	彙總	Ctrl+0
	交叉	
	班佛	
	比對	Ctrl+7
	排序	
	索引	

	權限名稱	角色名稱	TCODE_1	權限2	風
	ABAA	T_PCC_ACCT	ABAA	FCH3	Hig
	ABAA	T_PCC_ACCT	ABAA	FCHT	Hig
	ABAA	T_PCC_ACCT	ABAA	FCH9	Hig
	ABAA	T_PCC_ACCT	ABAA	FCHX	Hig
4	ABAA	T_PCC_ACCT	ABAA	FCHD	Hig
5	ABAA	T_PCC_ACCT	ABAA	FCHR	Hig
6	ABAA	SAP_EP_RW_ASMN	ABAA	FCH3	Hig
7	ABAA	SAP_EP_RW_ASMN	ABAA	FCHT	Hig
8	ABAA	SAP_EP_RW_ASMN	ABAA	FCH9	Hig
9	ABAA	SAP_EP_RW_ASMN	ABAA	FCHX	Hig
10	ABAA	SAP_EP_RW_ASMN	ABAA	FCHD	Hig
11	ABAA	SAP_EP_RW_ASMN	ABAA	FCHR	Hig
12	ABAA	T_COMP_PCC	ABAA	FCH3	Hi

角色權限1　　　筆數：24,384

112

Step2：比對(Join)指令條件設定

- 選擇主表→**角色權限1**
- 選擇次表→**角色權限2**
- 設定主表關鍵欄位
  1. 角色名稱(ARG_NAME)
  2. 權限1(TCODE_1)
  3. 權限2(TCODE_2)
- 設定次表關鍵欄位
  1. 角色名稱(ARG_NAME)
  2. 權限1(TCODE_1)
  3. 權限2(TCODE_2
- 選取主表欄位→**全選**
- 選取次表欄位→**不勾選**

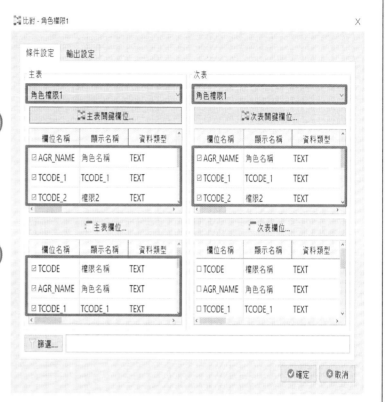

113

Step3：比對(Join)指令輸出設定

- 輸出至資料表
  角色權限衝突明細檔
- 選擇比對類型
  Matched Primary with the first Secondary
- 點選確定

114

Step4：比對(Join)結果檢視

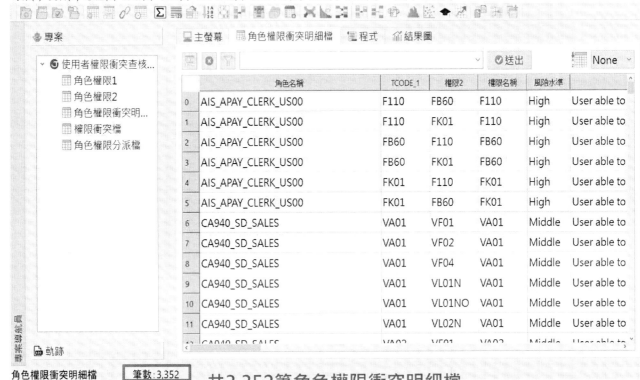

專案(P) 資料(D) 驗證(V) 分析(A) 程式(S) 文字探勘(T) 機器學習(M) 報表(R) 抽樣(O) 工具(K) 說明(H)

專案

- 使用者權限衝突查核...
  - 角色權限1
  - 角色權限2
  - 角色權限衝突明...
  - 權限衝突檔
  - 角色權限分派檔

主螢幕　角色權限衝突明細檔　程式　結果圖

None

	角色名稱	TCODE_1	權限2	權限名稱	風險水準	
0	AIS_APAY_CLERK_US00	F110	FB60	F110	High	User able to
1	AIS_APAY_CLERK_US00	F110	FK01	F110	High	User able to
2	AIS_APAY_CLERK_US00	FB60	F110	FB60	High	User able to
3	AIS_APAY_CLERK_US00	FB60	FK01	FB60	High	User able to
4	AIS_APAY_CLERK_US00	FK01	F110	FK01	High	User able to
5	AIS_APAY_CLERK_US00	FK01	FB60	FK01	High	User able to
6	CA940_SD_SALES	VA01	VF01	VA01	Middle	User able to
7	CA940_SD_SALES	VA01	VF02	VA01	Middle	User able to
8	CA940_SD_SALES	VA01	VF04	VA01	Middle	User able to
9	CA940_SD_SALES	VA01	VL01N	VA01	Middle	User able to
10	CA940_SD_SALES	VA01	VL01NO	VA01	Middle	User able to
11	CA940_SD_SALES	VA01	VL02N	VA01	Middle	User able to
	CA940_SD_SALES	VA02	VF01	VA02	Middle	User able to

專案導航員

軌跡

角色權限衝突明細檔　　筆數：3,352　　　**共3,352筆角色權限衝突明細檔**

Step5：彙總(Summarize)資料表

- 開啟查核資料表
  角色權限衝突明細檔
- 點選分析→彙總

專案(P) 資料(D) 驗證(V) 分析(A) 程式(S) 文字探勘(T) 機器學習(M) 報表(R) 抽樣(O) 說明(H)

	分類	Ctrl+2
	分層	Ctrl+5
	帳齡	
②	彙總	Ctrl+0
	交叉	
	班佛	
	比對	Ctrl+7
	排序	
	索引	

主螢幕　角色權限衝突明細檔　程式　結果圖

專案

- 使用者權限衝...
  - 角色權限1
  - 角色權限2
  - 角色權限衝...
  - 權限衝突檔
  - 角色權限分...

送出

	角色名稱	TCODE_1	權限2	權限名稱
	S_APAY_CLERK_US00	F110	FB60	F110
	S_APAY_CLERK_US00	F110	FK01	F110
	S_APAY_CLERK_US00	FB60	F110	FB60
	S_APAY_CLERK_US00	FB60	FK01	FB60
4	AIS_APAY_CLERK_US00	FK01	F110	FK01
5	AIS_APAY_CLERK_US00	FK01	FB60	FK01
6	CA940_SD_SALES	VA01	VF01	VA01
7	CA940_SD_SALES	VA01	VF02	VA01
8	CA940_SD_SALES	VA01	VF04	VA01
9	CA940_SD_SALES	VA01	VL01N	VA01
10	CA940_SD_SALES	VA01	VL01NO	VA01
11	CA940_SD_SALES	VA01	VL02N	VA01
	CA940_SD_SALES	VA02	VF01	VA02

軌跡

角色權限衝突明細檔　　筆數：3,352

Step6：彙總(Summarize)條件設定

- 彙總:
  選取彙總欄位為
  角色名稱
  (AGR_NAME)
- 小計欄位:
  不用選擇
- 列出欄位:
  不用選擇
- 點選:確定

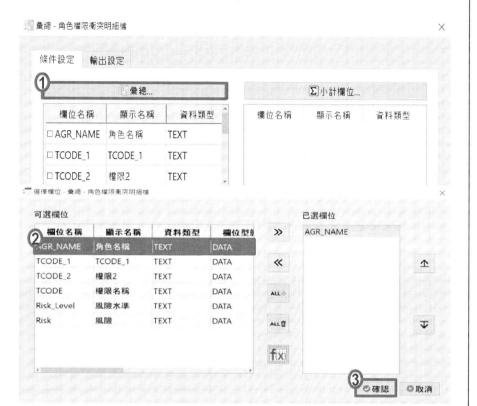

117

Step7：彙總(Summarize)輸出設定

- 輸出至資料表
  角色權限衝突檔
- 點選確定

118

Step8：彙總(Summarize)結果檢視

專案(P) 資料(D) 驗證(V) 分析(A) 程式(S) 文字探勘(T) 機器學習(M) 報表(R) 抽樣(O) 工具(K) 說明(H)

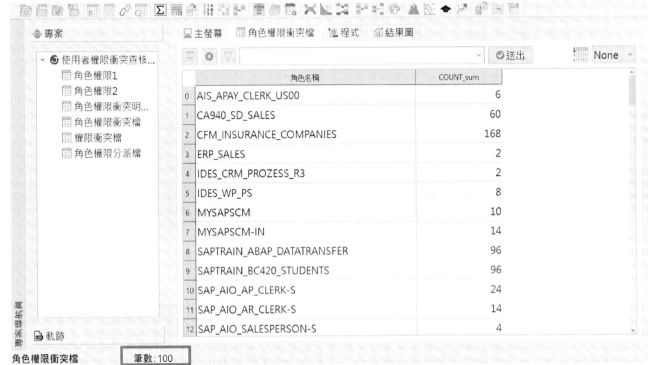

🖥主螢幕　🖽角色權限衝突檔　🗐程式　🏛結果圖

	角色名稱	COUNT_sum
0	AIS_APAY_CLERK_US00	6
1	CA940_SD_SALES	60
2	CFM_INSURANCE_COMPANIES	168
3	ERP_SALES	2
4	IDES_CRM_PROZESS_R3	2
5	IDES_WP_PS	8
6	MYSAPSCM	10
7	MYSAPSCM-IN	14
8	SAPTRAIN_ABAP_DATATRANSFER	96
9	SAPTRAIN_BC420_STUDENTS	96
10	SAP_AIO_AP_CLERK-S	24
11	SAP_AIO_AR_CLERK-S	14
12	SAP_AIO_SALESPERSON-S	4

專案
> 🌀 使用者權限衝突查核...
　🖽 角色權限1
　🖽 角色權限2
　🖽 角色權限衝突明...
　🖽 角色權限衝突檔
　🖽 權限衝突檔
　🖽 角色權限分派檔

📖軌跡

角色權限衝突檔　　　筆數：100

共有100個角色有高風險權限衝突之情況

119

jacksoft | AI Audit Expert
www.jacksoft.com.tw

上機演練五：
使用者帳號
權限衝突查核

JCAATs

120

演練五、查核各使用者帳號是否有不相容職務之權限衝突情形主要查核步驟

- 查核程序一：建立使用者角色權限檔
- 查核程序二：建立使用者角色權限衝突明細檔
- 查核程序三：建立使用者角色衝突檔

121

演練五、查核各使用者帳號是否有不相容職務之權限衝突情形主流程圖:

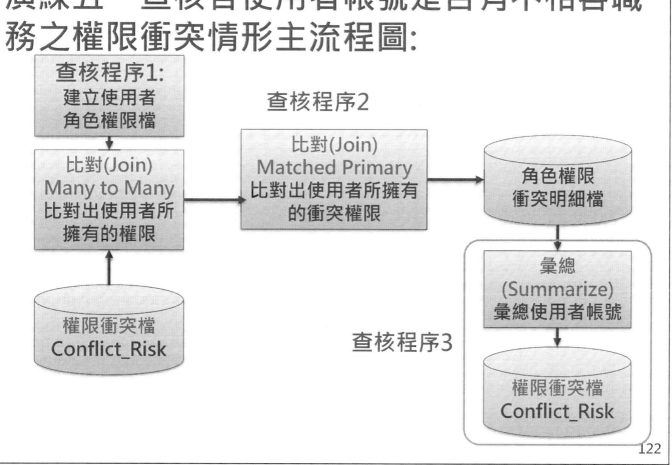

122

查核程序一、建立使用者角色權限檔

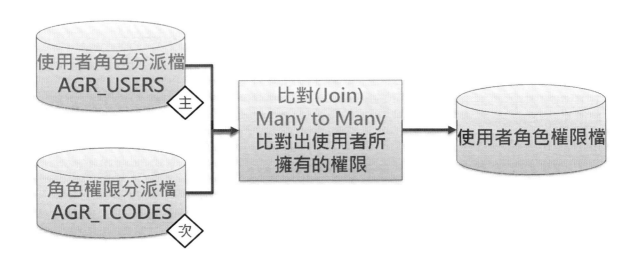

查核程序一：Step1:比對(Join)資料表

- 開啟查核資料表使用者角色分派檔

- 點選分析→比對

Step2：比對(Join)指令條件設定

- 選擇主表
  使用者角色分派檔
- 選擇次表
  角色權限分派檔
- 設定主表關鍵欄位
  角色名稱(AGR_NAME)
- 設定次表關鍵欄位
  角色名稱(AGR_NAME)
- 選取主表欄位
  全選
- 選取次表欄位
  權限名稱(TCODE)

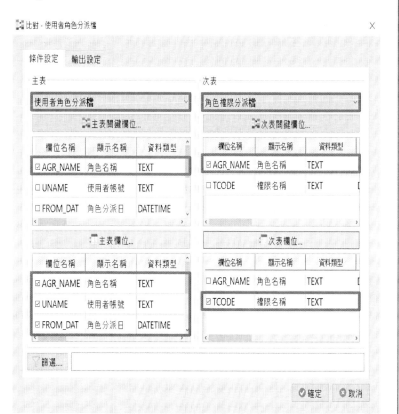

125

Step3：比對(Join)指令輸出設定

- 輸出至資料表
  使用者角色權限檔
- 選擇比對類型
  Many to Many
- 點選確定

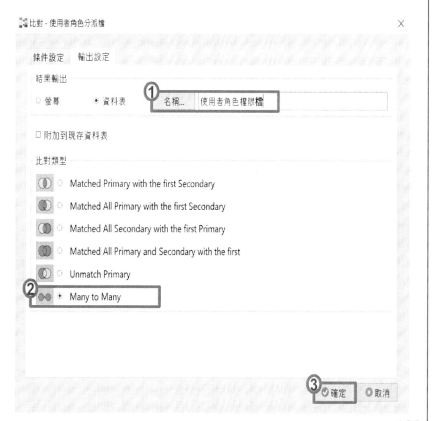

126

Step4：比對(Join)結果檢視

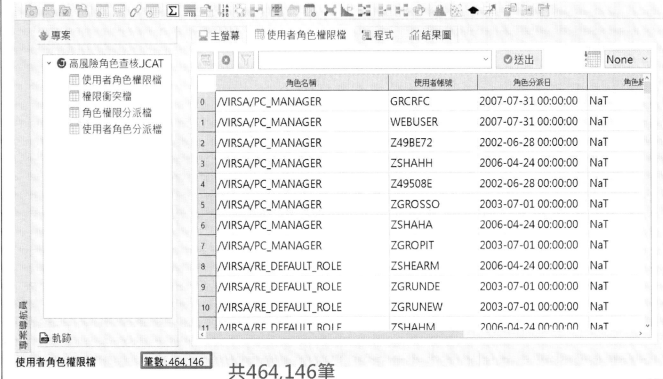

專案(P) 資料(D) 驗證(V) 分析(A) 程式(S) 文字探勘(T) 機器學習(M) 報表(R) 抽樣(O) 工具(K) 說明(H)

	角色名稱	使用者帳號	角色分派日	角色終
0	/VIRSA/PC_MANAGER	GRCRFC	2007-07-31 00:00:00	NaT
1	/VIRSA/PC_MANAGER	WEBUSER	2007-07-31 00:00:00	NaT
2	/VIRSA/PC_MANAGER	Z49BE72	2002-06-28 00:00:00	NaT
3	/VIRSA/PC_MANAGER	ZSHAHH	2006-04-24 00:00:00	NaT
4	/VIRSA/PC_MANAGER	Z49508E	2002-06-28 00:00:00	NaT
5	/VIRSA/PC_MANAGER	ZGROSSO	2003-07-01 00:00:00	NaT
6	/VIRSA/PC_MANAGER	ZSHAHA	2006-04-24 00:00:00	NaT
7	/VIRSA/PC_MANAGER	ZGROPIT	2003-07-01 00:00:00	NaT
8	/VIRSA/RE_DEFAULT_ROLE	ZSHEARM	2006-04-24 00:00:00	NaT
9	/VIRSA/RE_DEFAULT_ROLE	ZGRUNDE	2003-07-01 00:00:00	NaT
10	/VIRSA/RE_DEFAULT_ROLE	ZGRUNEW	2003-07-01 00:00:00	NaT
11	/VIRSA/RE_DEFAULT_ROLE	ZSHAHM	2006-04-24 00:00:00	NaT

使用者角色權限檔　　　筆數：464,146

共464,146筆

127

查核程序二、建立使用者角色權限檔

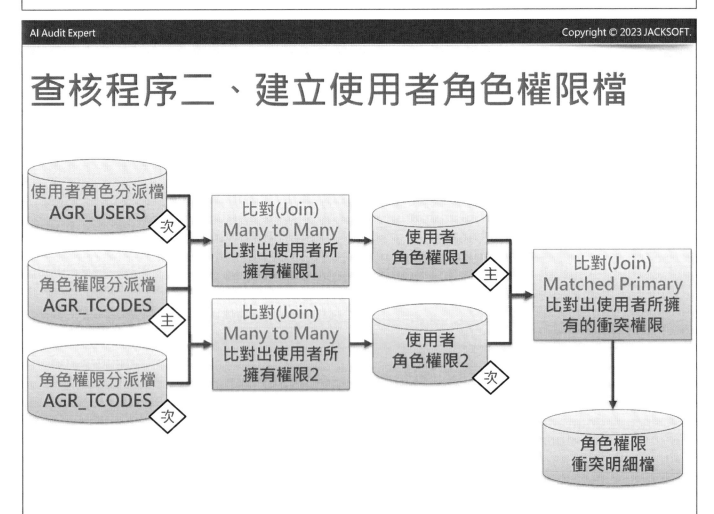

128

查核程序二：Step1:比對(Join)資料表

- 開啟查核資料表
  使用者角色權限
  檔
- 點選分析→比對

Step2：比對(Join)指令條件設定

- 選擇主表
  使用者角色權限檔
- 選擇次表
  權限衝突檔
- 設定主表關鍵欄位
  權限名稱(TCODE)
- 設定次表關鍵欄位
  權限1(TCODE_1)
- 選取主表欄位
  全選
- 選取次表欄位
  全選

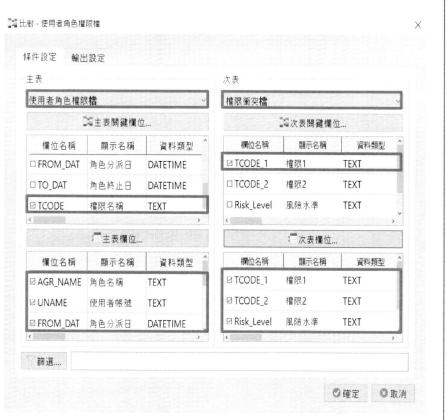

Step3：比對(Join)指令輸出設定

- 輸出至資料表
  使用者角色權限1
- 選擇比對類型
  Many to Many
- 點選確定

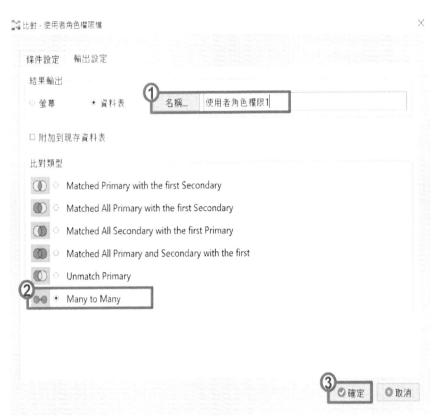

比對 - 使用者角色權限檔 ✕

條件設定　輸出設定

結果輸出

○ 螢幕　　● 資料表　　① 名稱...　使用者角色權限1

☐ 附加到現存資料表

比對類型

◯◯ ○ Matched Primary with the first Secondary

◯◯ ○ Matched All Primary with the first Secondary

◯◯ ○ Matched All Secondary with the first Primary

◯◯ ○ Matched All Primary and Secondary with the first

◯◯ ○ Unmatch Primary

② ◯◯ ● Many to Many

③ ✅確定　　❌取消

131

Step4：比對(Join)結果檢視

專案(P)　資料(D)　驗證(V)　分析(A)　程式(S)　文字探勘(T)　機器學習(M)　報表(R)　抽樣(O)　工具(K)　說明(H)

專案 | **主螢幕** | **使用者角色權限1** | **程式** | **結果圖**

✔送出　　None

> 高風險角色查核.JCAT
>   使用者角色權限檔
>   使用者角色權限1
>   權限衝突檔
>   角色權限分派檔
>   使用者角色分派檔

	權限名稱	角色名稱	使用者帳號	角色分派日	角色終止日
0	ABAA	VS::FI_AA_ASSET_TRANSACTIONS	RDEMEO	2007-08-27 00:00:00	NaT	A
1	ABAA	VS::FI_AA_ASSET_TRANSACTIONS	RDEMEO	2007-08-27 00:00:00	NaT	A
2	ABAA	VS::FI_AA_ASSET_TRANSACTIONS	RDEMEO	2007-08-27 00:00:00	NaT	A
3	ABAA	VS::FI_AA_ASSET_TRANSACTIONS	RDEMEO	2007-08-27 00:00:00	NaT	A
4	ABAA	VS::FI_AA_ASSET_TRANSACTIONS	RDEMEO	2007-08-27 00:00:00	NaT	A
5	ABAA	VS::FI_AA_ASSET_TRANSACTIONS	RDEMEO	2007-08-27 00:00:00	NaT	A
6	ABAA	VS_FI_AA_ASSET_TRANSACTIONS	NBISHOP	2007-10-26 00:00:00	NaT	A
7	ABAA	VS_FI_AA_ASSET_TRANSACTIONS	NBISHOP	2007-10-26 00:00:00	NaT	A
8	ABAA	VS_FI_AA_ASSET_TRANSACTIONS	NBISHOP	2007-10-26 00:00:00	NaT	A
9	ABAA	VS_FI_AA_ASSET_TRANSACTIONS	NBISHOP	2007-10-26 00:00:00	NaT	A
10	ABAA	VS_FI_AA_ASSET_TRANSACTIONS	NBISHOP	2007-10-26 00:00:00	NaT	A
11	ABAA	VS_FI_AA_ASSET_TRANSACTIONS	NBISHOP	2007-10-26 00:00:00	NaT	A
12	ABAA	VS::FI_AA_ASSET_TRANSACTIONS	SPIERCE	2008-09-03 00:00:00	NaT	A

軌跡

使用者角色權限1　　筆數：77,753

共77,753筆

132

Step5:比對(Join)資料表

- 開啟查核資料表
  使用者角色權限
  檔
- 點選分析→比對

Step6：比對(Join)指令條件設定

- 選擇主表
  使用者角色權限檔
- 選擇次表
  權限衝突檔
- 設定主表關鍵欄位
  權限名稱(TCODE)
- 設定次表關鍵欄位
  權限2(TCODE_2)
- 選取主表欄位
  全選
- 選取次表欄位
  全選

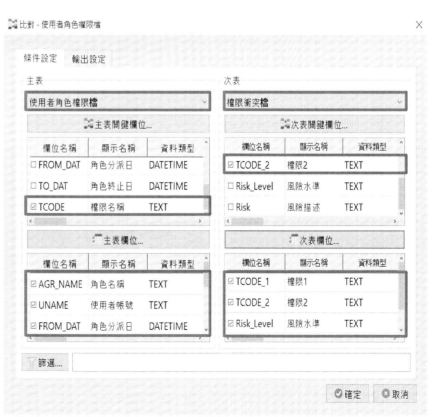

Step7：比對(Join)指令輸出設定

- 輸出至資料表
  使用者角色權限2
- 選擇比對類型
  Many to Many
- 點選確定

135

Step8：比對(Join)結果檢視

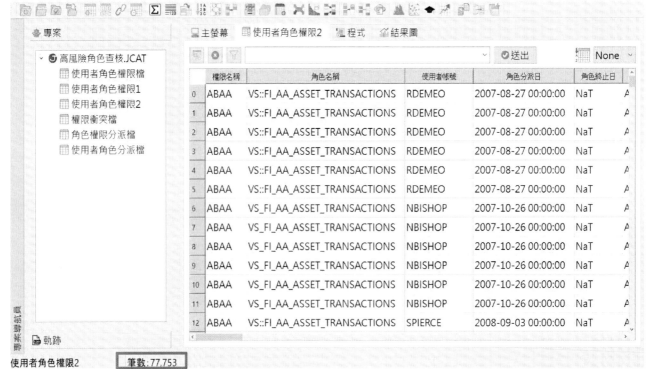

共77,753筆

136

Step9：比對(Join)資料表

- 開啟查核資料表
  使用者角色權限1
- 點選分析→比對

Step10：設定查核主次表

- 選擇主表→**使用者角色權限1**
- 選擇次表→**使用者角色權限2**
- 設定主表關鍵欄位
  1.使用者帳號(UNAME)
  2.權限1(TCODE_1)
  3.權限2(TCODE_2)
- 設定次表關鍵欄位
  1.使用者帳號(UNAME)
  2.權限1(TCODE_1)
  3.權限2(TCODE_2)
- 選取主表欄位→**全選**
- 選取次表欄位→**角色名稱**
  (AGR_NAME)

Step11：比對(Join)指令輸出設定

- 輸出至資料表
  使用者角色權限
  衝突明細檔
- 選擇比對類型
  Matched
  Primary with
  the first
  Secondary
- 點選確定

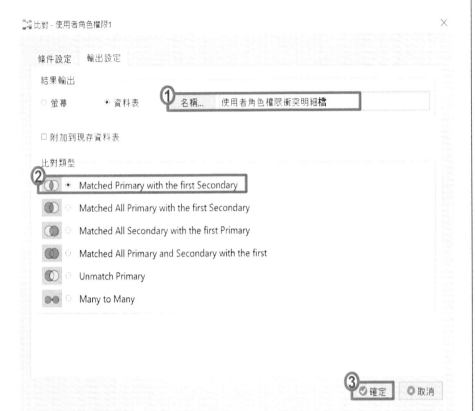

139

Step12：結果檢視

共7,512筆使用者權限相衝突

140

查核程序三、建立使用者角色衝突檔

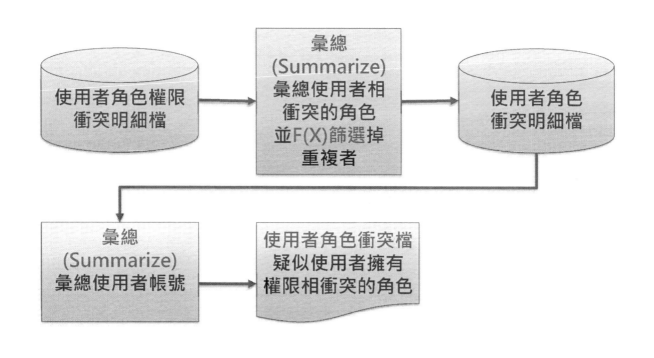

141

查核程序三：Step1: 彙總(Summarize)

- 開啟查核資料表
  使用者角色權限
  衝突明細檔
- 點選分析→彙總

使用者角色權限衝突明細檔 筆數:7,512

142

Step2：彙總(Summarize)條件設定

■ 彙總:

點選後逐一選擇以下欄位作為會總之Key欄位

1.使用者帳號
(UNAME)

2.角色名稱
(AGR_NAME)

3.角色名稱
(AGR_NAME_2)

■ 小計欄位:
  不選擇

■ 列出欄位:
  不選擇

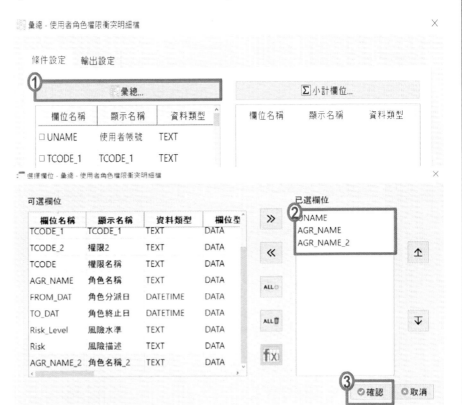

143

Step3：彙總時一併進行條件篩選

■ 於下方點選:
  「篩選」按鍵

■ 進入運算式，並完成以下篩選條件設定:

  AGR_NAME ! =
  AGR_NAME_2

  (如下頁所示)

144

Step4：篩選(Filter)條件設定

篩選條件：AGR_NAME != AGR_NAME_2
(篩選AGR_NAME 不等於AGR_NAME_2，以排除重複)

Step5：彙總(Summarize)輸出設定

- 輸出至資料表
  使用者角色衝突
  明細檔
- 點選確定

Step6：結果檢視

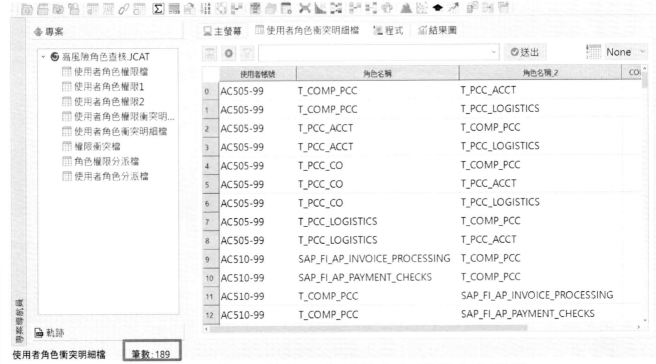

共189筆使用者帳號角色相衝突之明細

Step7：彙總(Summarize)資料表

- 開啟查核資料表
  使用者角色衝突
  明細檔
- 點選分析→彙總

Step8：彙總(Summarize)欄位設定

- 選取彙總欄位
  1.使用者帳號
  (UNAME)
- 選擇列出欄位
  不選取
- 輸出至資料表
  使用者角色衝突檔

149

Step9：結果檢視

專案(P) 資料(D) 驗證(V) 分析(A) 程式(S) 文字探勘(T) 機器學習(M) 報表(R) 抽樣(O) 工具(K) 說明(H)

專案

- 高風險角色查核.JCAT
  - 使用者角色權限檔
  - 使用者角色權限1
  - 使用者角色權限2
  - 使用者角色權限衝突明...
  - 使用者角色衝突明細檔
  - 使用者角色衝突檔
  - 權限衝突檔
  - 角色權限分派檔
  - 使用者角色分派檔

主螢幕　使用者角色衝突檔　程式　結果圖

	使用者帳號	COUNT_sum
0	AC505-99	9
1	AC510-99	5
2	BBAILO	7
3	BC408_USER	2
4	BC420_USER	2
5	BCARSON	2
6	BHILL	2
7	BIANCEOGLU	2
8	BJONES	6
9	BKUNZLI	2
10	BLAW	8
11	BMACASKILL	2
12	BMETHOT	2

軌跡

使用者角色衝突檔　　筆數:49

共49筆使用者帳號擁有權限相衝突的角色

150

上機演練六：
帳號盜用高風險預測性
查核實務案例演練

151

演練六、帳號盜用高風險預測性 查核實務案例演練

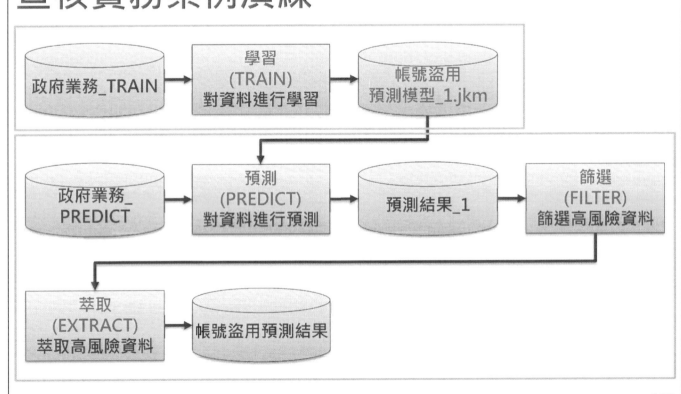

152

JCAATs 機器學習功能的特色:

1. **不須外掛程式即可直接進行機器學習**
2. **提供SMOTE功能**來處理不平衡的數據問題，這類的問題在審計的資料分析常會發生。
3. 提供使用者在選擇機器學習算法時可自行依需求採用兩種不同選項：**用戶決策模式**(自行選擇預測模型)或**系統決策模式**(將預測模式全選)，讓機器學習更有彈性。
4. JCAATs使用戶能夠**自行定義其機器學習歷程**。
5. 提供有商業資料機器學習較常使用的方法，如**決策樹(Decision Tree)**與**近鄰法(KNN)**等。
6. 可進行**二元分類**和**多元分類**機器學習任務。
7. 提供**混淆矩陣圖和表格**，使他們能夠獲得有價值的機器學習算法，表現洞見。
8. 在執行訓練後提供**三個性能報告**，使用戶能夠更輕鬆地分析與解釋訓練結果。
9. 機器學習的速度更快速。
10. 在集群(CLUSTER)學習後，提供一個圖形，使用戶能夠可視化數據聚類。

153

JCAATs-AI 稽核機器學習的作業流程

■ 用戶決策模式的機器學習流程

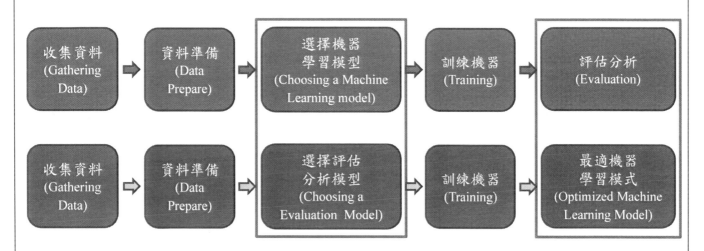

• 系統決策模式的機器學習流程

**JCAATs提供二種機器學習決策模式，讓不同的人可以自行選擇使用方式。

154

JCAATs監督式機器學習指令:
學習(Train)和預測(Predict) 作業程序

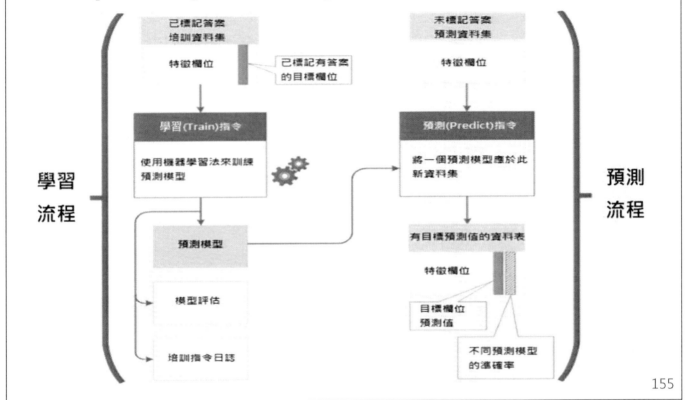

155

指令說明—學習(TRAIN)

- 透過彈性介面,開始進行分類的機器學習。

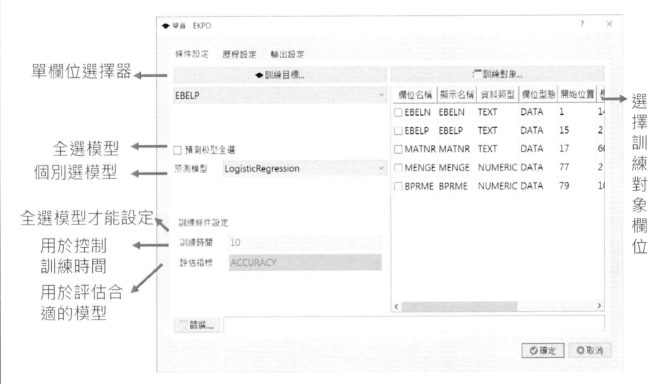

156

指令說明—預測(PREDICT)

- 透過彈性介面，開始進行預測的機器學習模型。

預測模型
選擇器 →

選擇顯示欄位

157

JCAATs機器學習指令內建演算法：支持向量機(SVM)

- SVM（Support Vector Machine，支持向量機）是一種監督式學習算法，主要用於**解決二元分類問題和多元分類問題**。SVM的目標是**找到一個最優的超平面，可以將數據集分為兩類，並使分類邊界的邊際最大化**。
- 在SVM中，將每個數據點看作一個n維向量，其中n是特徵數。
- SVM的目標是**找到一個分類邊界（超平面），它可以將數據集分為兩類，並且離分類邊界最近的數據點到分類邊界的距離（稱為邊際）最大**。

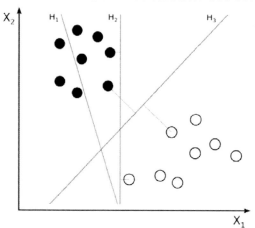

H1 不能把類別分開。
H2 可以，但只有很小的間隔。
H3 以最大間隔將它們分開。

•File:Svm separating hyperplanes (SVG).svg　　　　　　　　資料來源：維基百科　158

查核個案情境說明

- 許經理目前正進行幾件大型政府標案，她常需要出差、也需要遠端連回公司她的電腦或請她的助理協助進行相關資料查詢。公司高層擔心這些高機密的資訊可能有外洩的情形，因此請稽核單位進行查核， **分析是否有異常登入系統的狀況?**

- 稽核人員取得過去一段時間的登入系統資料LOG檔，並與差勤系統進行比對，列出高風險的登入狀態，並希望透過機器學習可以學習這些樣態，進而預測接下來可能發生異常的時間與電腦?

 查核重點:

一、**分析是否有出差期間帳號被盜用於不常用的電腦上登入?**

二、**學習後可以預測是否下次出差時可能會有由其他IP使用此人帳號登入系統**

187

稽核資料倉儲取得資料

160

預測性查核資料來源表

- 訓練資料TRAIN 　　1,847 筆
- 預測資料PREDICT 　2,520筆

JCAATs >> 政府業務_TRAIN.CLASSIFY(PKEY="風險", TO="")
Table : 政府業務_TRAIN
Note: 2023/09/04 13:11:25
Result - 筆數 : 3

風險	風險_count	Percent_of_count
H	27	1.46
L	1,800	97.46
M	20	1.08

監督式機器學習：學習(TRAIN)

- 開啟查核資料表
  政府業務_TRAIN
- 點選機器學習→學習

案例1：SVM機器學習-條件設定

- 訓練目標:
  風險
- 訓練對象:
  登入星期、登入
  時段、 IP位置、
  姓名、差勤狀態
  、事由 等欄位來
  進行學習
- **預測模型:**
  機器學習演算法
  選用:
  SVM

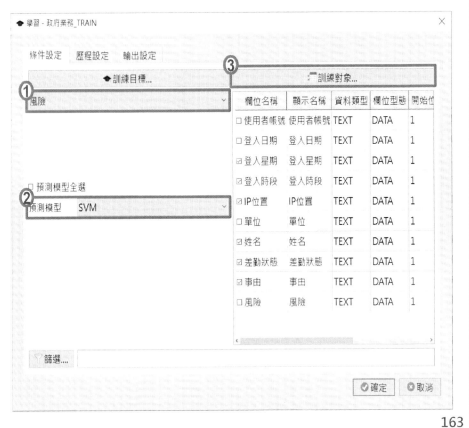

學習歷程與輸出設定：

- 缺失值處理:
  捨棄
- 文字分類欄位處理:
  LabelEncoder(有大小)
- 不平衡資料處理:
  不勾選
- 資料分割策略:
  80/20
- 輸出至模組:
  帳號盜用預測模型_1

機器學習訓練後結果-評估指標

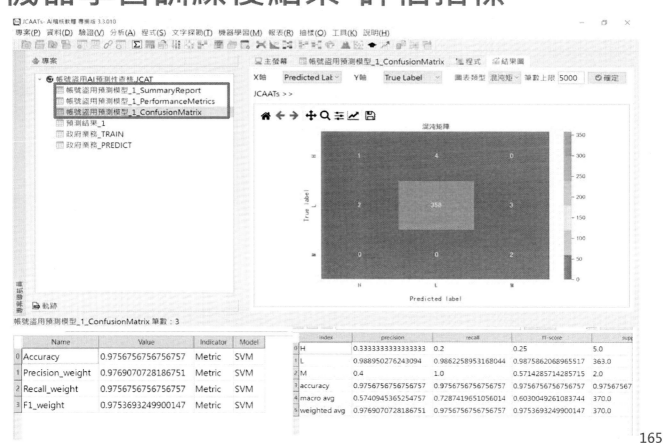

	Name	Value	Indicator	Model
0	Accuracy	0.97567567567756757	Metric	SVM
1	Precision_weight	0.9769070728186751	Metric	SVM
2	Recall_weight	0.97567567567756757	Metric	SVM
3	F1_weight	0.9753693249900147	Metric	SVM

	index	precision	recall	f1-score	supp
0	H	0.33333333333333	0.2	0.25	5.0
1	L	0.988950276243094	0.9862258953168044	0.9875862068965517	363.0
2	M	0.4	1.0	0.5714285714285715	2.0
3	accuracy	0.97567567567756757	0.97567567567756757	0.97567567567756757	0.97567567
4	macro avg	0.5740945365254757	0.7287419651056014	0.6030049261083744	370.0
5	weighted avg	0.9769070728186751	0.97567567567756757	0.9753693249900147	370.0

運用學習結果進行預測：

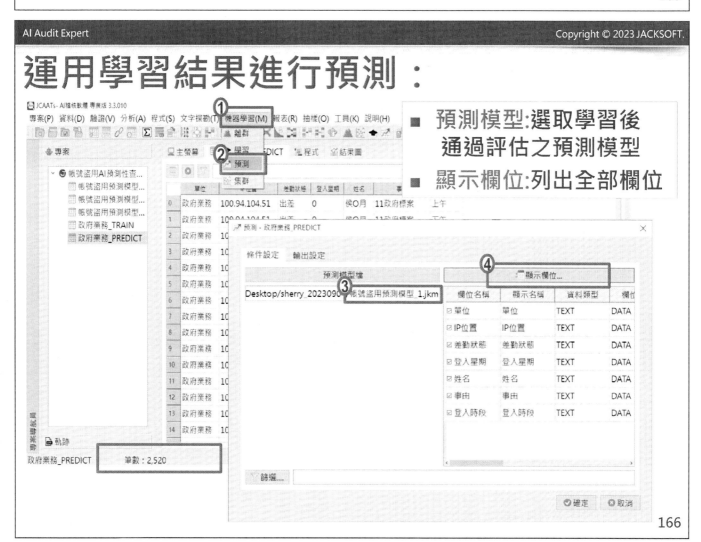

- 預測模型:選取學習後
  通過評估之預測模型
- 顯示欄位:列出全部欄位

輸出預測後結果

- 輸出至資料表
  預測結果_1
- 點選確定

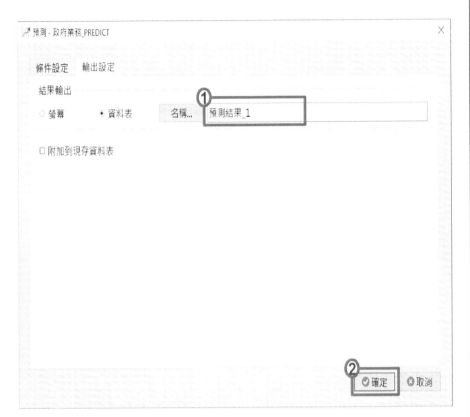

167

預測結果分類分析

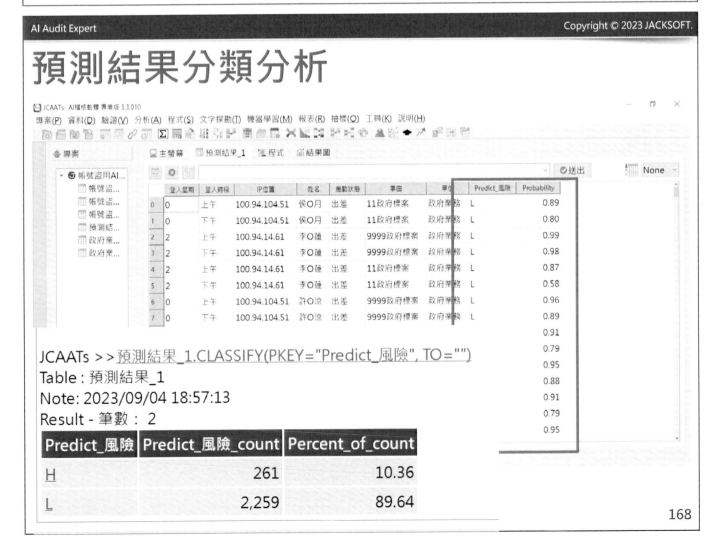

JCAATs >> 預測結果_1.CLASSIFY(PKEY="Predict_風險", TO="")
Table : 預測結果_1
Note: 2023/09/04 18:57:13
Result - 筆數 : 2

Predict_風險	Predict_風險_count	Percent_of_count
H	261	10.36
L	2,259	89.64

168

設定高風險篩選條件

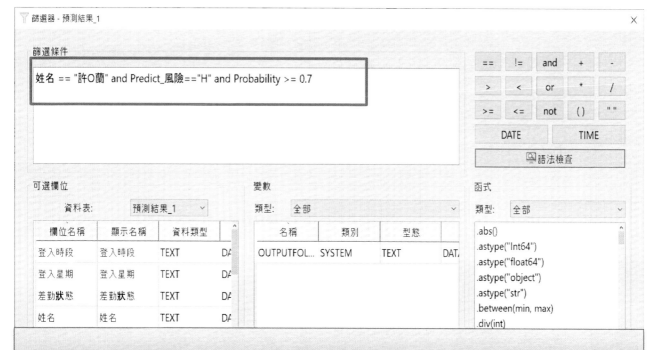

姓名 == "許O蘭" and Predict_風險 == "H" and Probability >= 0.7

預測高風險帳號可能盜用結果

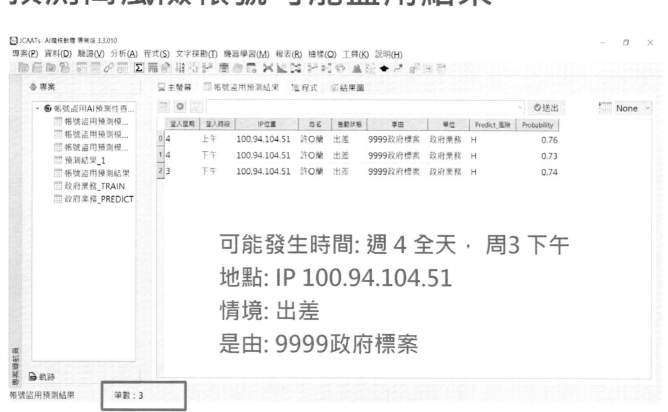

可能發生時間: 週 4 全天, 周3 下午
地點: IP 100.94.104.51
情境: 出差
是由: 9999政府標案

資料收集與
處理不當
(未清理的數據)

人工智慧炒作

未對特徵欄位
進行分類分析

分類問題僅使用
準確率為衡量
模型指標

訓練集與測試集
的類別
分佈不對稱

機器學習常犯

隱形錯誤

在沒有交叉驗證的
情況下評估
模型性能

誤用Label
Encoder
為特徵編碼

僅使用測試集
評估模型好壞

JCAATs 內建機器學習協助
稽核解決常見問題

無須外掛機器學習演算法
直覺與簡單

多種機器學習算法

操作簡單與直接

同時提供用戶決策
或系統決策模式

多元分類能力

用戶可自行設定
學習路線

視覺化混淆矩陣

SOMTE機制解決
不對稱資料問題

白箱式作業學習
結果具備解釋力,
預測結果容易溝通

多種評估報告

持續性稽核及持續性監控管理架構

電腦輔助稽核技術
(CAATs)

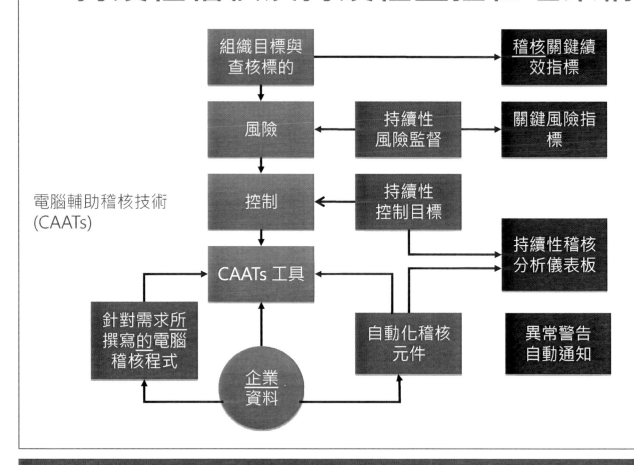

173

如何建立JCAATs專案持續稽核

▪ 持續性稽核專案進行六步驟：

| 1 · 資料 | ➡ | 2 · 程式 | ➡ | 3 · 設定 | ➡ | 4 · 排程 | ➡ | 5 · 執行 | ➡ | 6 · 通知 |

▲稽核自動化：

電腦稽核主機 - 一天可以工作24 小時

174

建置持續性稽核APP的基本要件

- 將手動操作分析改為自動化稽核
  - 將專案查核過程轉為JCAATs Script
  - 確認資料下載方式及資料存放路徑
  - JCAATs Script修改與測試
  - 設定排程時間自動執行

- 使用持續性稽核平台
  - 包裝元件
  - 掛載於平台
  - 設定執行頻率

175

JISBot 資訊安全稽核機器人

1 標準化程式格式，容易了解與分享

3 有效轉換資訊投資與稽核知識成為公司資產

2 安裝簡易，快速解決彈性制度變化

4 建立元件方式簡單，自己可動手進行

SAP ERP權限查核-自動化稽核元件

 預設帳密未變更查核
共用帳號高風險查核

 離職員工帳號管理異常查核
使用者權限衝突查核

 超級使用者異常使用查核

 高風險角色查核
帳號盜用預測性查核

176

JTK 持續性電腦稽核管理平台

開發稽核自動化元件　　　經濟部發明專利第 I 380230號　　　稽核結果E-mail 通知

持續性電腦稽核/監控管理平台
Jacksoft ToolKits For Continuous Auditing, JTK

稽核元件知識庫

電腦稽核軟體

稽核人員

稽核知識管理　　　異常報告分析

稽核自動化元件　　稽核自動化底稿
管理系統　　　　　管理系統
(後台)　　　　　　(前台)

JCAATs Python inside
Jacksoft | JTK

稽核自動化元件管理　　　　　稽核自動化底稿管理與分享

■稽核自動化：電腦稽核主機
一天24小時一周七天的為我們工作。

JTK | **Jacksoft ToolKits For Continuous Auditing**
The continuous auditing platform

AI智慧化稽核流程

～透過最新AI稽核技術建構內控三道防線的有效防禦，

事後稽核

查核規劃	程式設計	執行查核	結果報告
■ 訂定系統查核範圍，決定取得及讀取資料方式	■ 資料完整性驗證，資料分析稽核程序設計	■ 執行自動化稽核程式	■ 自動產生稽核報告

事前稽核

成果評估	預測分析	機器學習	學習資料
■ 預測結果評估	■ 執行預測	■ 執行訓練	■ 建立學習資料

監督式機器學習　　　非監督式機器學習

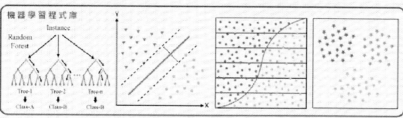

持續性稽核與持續性機器學習
協助作業風險預估開發步驟

JBot資訊安全稽核機器人模組

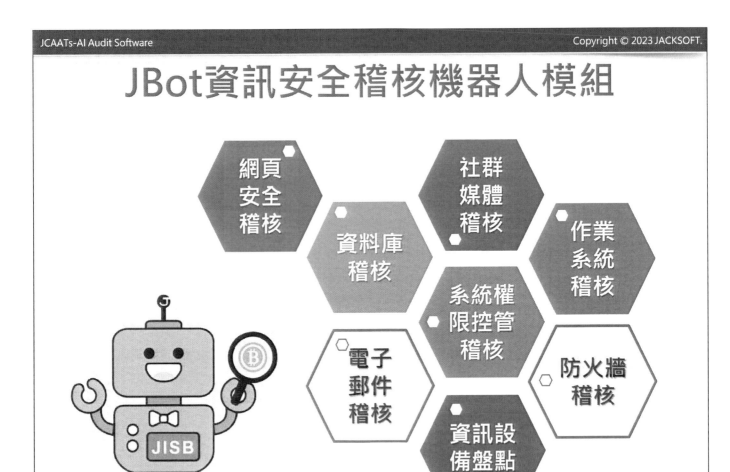

179

JTK持續性稽核平台儀表板

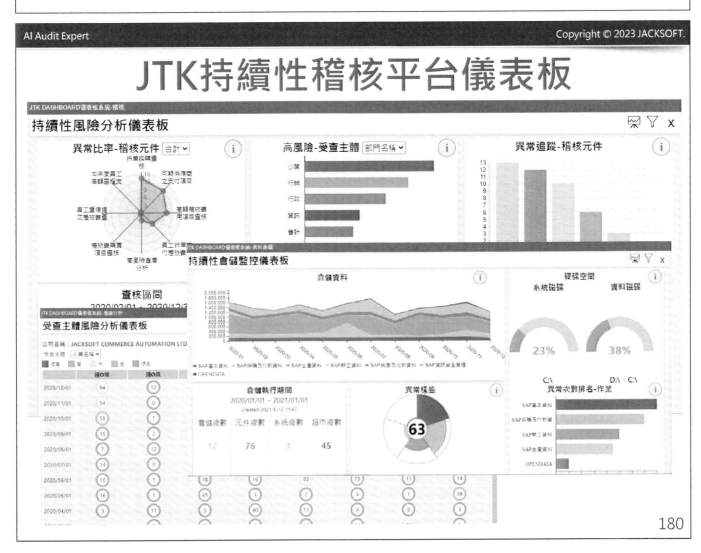

180

Fortinet 防火牆稽核範例

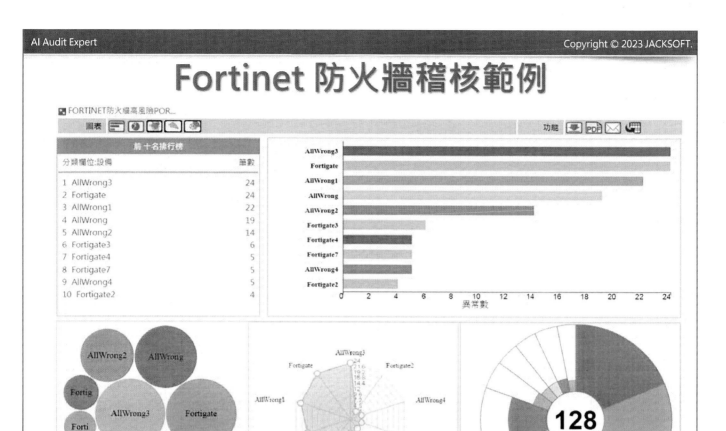

標準化稽核元件客製修改快速上線

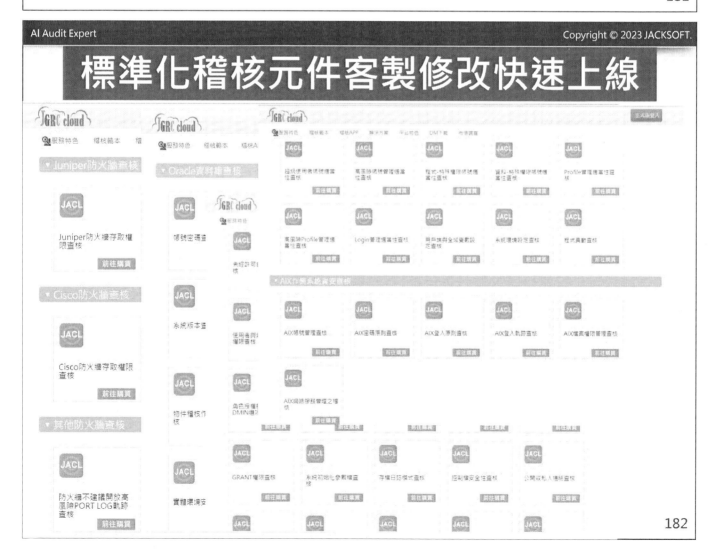

國際電腦稽核教育協會認證教材

AI 智能稽核實務個案演練系列

智能稽核系列

運用AI協助ESG實踐
－以溫室氣體盤查與
碳足跡計算為例

附 試用教育版軟體
+教學演練資料

jacksoft

資訊安全電腦稽核系列　　**個人資料保護法查核系列**

SAP ERP資料分析與查核系列　**舞弊鑑識系列**　**洗錢防制系列**

AI稽核教育學院：
https://ai.acl.com.tw/Management/Login.php

稽核自動化商城：https://www.acl.com.tw/ec_shop/index.php
歡迎上網選購

183

電腦稽核軟體應用學習Road Map

資安科技　　　　　**永續發展**　　　　　**稽核法遵**

國際網際網路稽核師　國際資料庫電腦稽核師　　ICEA國際ESG稽核師　　國際ERP電腦稽核師　國際鑑識會計稽核師

國際電腦稽核軟體應用師

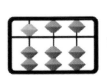   

184

專業級證照- ICCP

國際電腦稽核軟體應用師(專業級)
International Certified CAATs Practitioner

CAATs
-Computer-Assisted Audit Technique

強調在電腦稽核輔助工具使用的職能建立

職能	說明
目的	證明稽核人員有使用電腦稽核軟體工具的專業能力。
學科	電腦審計、個人電腦應用
術科	CAATs 工具

CAATTs and Other BEASTs for Auditors
by David G. Coderre

by David G. Coderre

歡迎加入 法遵科技 Line 群組
~免費取得更多電腦稽核應用學習資訊~

法遵科技知識群組

有任何問題，歡迎洽詢 JACKSOFT
將會有專人為您服務
官方Line：@709hvurz

「法遵科技」與「電腦稽核」專家

傑克商業自動化股份有限公司　台北市大同區長安西路180號3F之2(基泰商業大樓) 知識網:www.acl.com.tw
TEL:(02)2555-7886　FAX:(02)2555-5426　E-mail:acl@jacksoft.com.tw

JACKSOFT為經濟部能量登錄電腦稽核與GRC(治理、風險管理與法規遵循)專業輔導機構，服務品質有保障

參考文獻

1. 黃秀鳳，2023，JCAATs 資料分析與智能稽核，ISBN9789869895996

2. ISO27001:2022 資訊安全管理系統條文附錄 A 資訊安全控制措施指引

3. 黃士銘，2022，ACL 資料分析與電腦稽核教戰手冊(第八版)，全華圖書股份有限公司出版，ISBN 9786263281691.

4. 黃士銘、嚴紀中、阮金聲等著(2013)，電腦稽核－理論與實務應用(第二版)，全華科技圖書股份有限公司出版。

5. 黃士銘、黃秀鳳、周玲儀，2013，海量資料時代，稽核資料倉儲建立與應用新挑戰，會計研究月刊，第 337 期，124-129 頁。

6. 黃士銘、周玲儀、黃秀鳳，2013，"稽核自動化的發展趨勢"，會計研究月刊，第 326 期。

7. 黃秀鳳，2011，JOIN 資料比對分析-查核未授權之假交易分析活動報導，稽核自動化第 013 期，ISSN:2075-0315。

8. 黃士銘、黃秀鳳、周玲儀，2012，最新文字探勘技術於稽核上的應用，會計研究月刊，第 323 期，112-119 頁。

9. 2022，ICAEA，"國際電腦稽核教育協會線上學習資源"
   https://www.icaea.net/English/Training/CAATs_Courses_Free_JCAATs.php

10. 2021，Galvanize，"Death of the tick mark"
    https://www.wegalvanize.com/assets/ebook-death-of-tickmark.pdf

11. 2011，中時電子報，"運彩內控失靈 難擋隻手遮天"
    http://money.chinatimes.com/100rp/2011top10/1-8-5.htm

12. 2009，TVBS 新聞，"櫻花員工挪公款 5 年間侵占 7 千萬"
    http://news.tvbs.com.tw/entry/123280

13. 2010，黃士銘、黃秀鳳、吳東憲，"利用電腦稽核技術建立企業 E 化系統的第一道防火牆" 會計研究月刊，第 300 期，126-131 頁。

14. 2009，Deloitte，"系統導入後之安全考量-系統存取安全"
    https://www2.deloitte.com/tw/tc/pages/audit/articles/ifrs-news-200904.html

15. 2007，中國時報，"網路銀行內控失當 擅轉客戶資金 聯邦銀行被重罰 6 百萬"

https://www.chinatimes.com/newspapers/2601?chdtv

16. BUSNESSEMT，"Bagaimana Kepemilikan dalam LLC Bekerja？"

https://id.ebrdbusinesslens.com/11-info-8241244-ownership-llc-workl-64819

17. Python

https://www.python.org/

18. AICPA，"美國會計師公會稽核資料標準"

https://us.aicpa.org/interestareas/frc/assuranceadvisoryservices/auditdatastandards

19. SAP Documentation，"ABAP Authorization Concept"

https://help.sap.com/doc/a998e6b741d344a3af963eb2eea078ff/1511%20002/en-US/frameset.htm?4f4decf806b02892e10000000a42189b.html

20. Google，"sap sod matrix"

https://www.google.com/search?q=sap+sod+matrix&rlz=1C1GCEU_zh-TWTW971TW972&oq=sap+sod+matrix&aqs=chrome..69i57j0i19i512l2j0i13i19i30j0i8i13i19i30l4.21401j0j15&sourceid=chrome&ie=UTF-8

21. 2021，IT 邦幫忙，"機器學習常犯錯的十件事"

https://ithelp.ithome.com.tw/articles/10279778

22. 維基百科，"支持向量機(SVM)"

https://zh.wikipedia.org/wiki/%E6%94%AF%E6%8C%81%E5%90%91%E9%87%8F%E6%9C%BA

作者簡介

黃秀鳳 Sherry

現　　任

傑克商業自動化股份有限公司　總經理

ICAEA 國際電腦稽核教育協會 台灣分會　會長

台灣研發經理管理人協會　秘書長

專業認證

國際 ERP 電腦稽核師(CEAP)

國際鑑識會計稽核師(CFAP)

國際內部稽核師(CIA)　全國第三名

中華民國內部稽核師

國際內控自評師(CCSA)

ISO 14067:2018 碳足跡標準主導稽核員

ISO27001 資訊安全主導稽核員

ICAEA 國際電腦稽核教育協會認證講師

ACL Certified Trainer

ACL 稽核分析師(ACDA)

學　　歷

大同大學事業經營研究所碩士

主要經歷

超過 500 家企業電腦稽核或資訊專案導入經驗

中華民國內部稽核協會常務理事/專業發展委員會　主任委員

傑克公司　副總經理/專案經理

耐斯集團子公司　會計處長

光寶集團子公司　稽核副理

安侯建業會計師事務所　高等審計員

國家圖書館出版品預行編目(CIP)資料

運用 AI 人工智慧協助 SAP ERP 資安權限管理電腦稽
核實例演練 / 黃秀鳳作. -- 1 版. -- 臺北市 :
傑克商業自動化股份有限公司, 2023.09
面 ; 公分. -- (國際電腦稽核教育協會認
證教材)(AI 智能稽核實務個案演練系列)
ISBN 978-626-97833-2-8(平裝)

1.CST: 稽核 2.CST: 管理資訊系統 3.CST: 人
工智慧 4.CST: 資訊安全

494.28   112016092

運用 AI 人工智慧協助 SAP ERP 資安權限管理電腦稽核實例演練

作者 / 黃秀鳳
發行人 / 黃秀鳳
出版機關 / 傑克商業自動化股份有限公司
地址 / 台北市大同區長安西路 180 號 3 樓之 2
電話 / (02)2555-7886
網址 / www.jacksoft.com.tw
出版年月 / 2023 年 09 月
版次 / 1 版
ISBN / 978-626-97833-2-8